暢銷典藏版

雄 hiông 好 hó 呷 tsiáh

高雄111家小吃慢食、
至情至性的尋味紀錄

正港高雄人

郭銘哲——著

目錄

特色早點

呷飯

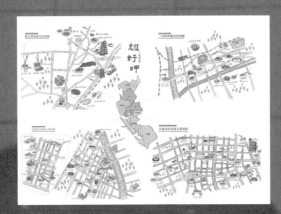

目錄上被標記黃色星星者，為至今（2022）已結束經營或因私人因素暫時歇業或已轉換經營團隊的店家，它們的故事都在高雄飲食文化的百年軌跡上保有讓人難以忘懷的分量，因此文字紀錄將悉數留下珍存。

高雄小吃
的知音

舒國治

我常說，高雄小吃是「躲」起來的。

外地人，如果想要憑自己的直覺去找小吃（尤其像我這種極不實際的自以為是者），肯定非常辛苦。

所謂「憑自己的直覺」，指的是網路時代以前，憑藉對一個城市其歷史之成形的好幾個區塊中可能蘊含的小吃聚落（如市場、如廟口、如眷村、如主街的背後巷弄、如碼頭登岸後的通渠孔道……）來一一窺探走踏。這種方法，你要是用在鹿港，很管用。用在屏東市，也可以。用在嘉義，也能奏效。甚至用在台南，也沒啥問題。然而用在高雄，辛苦極矣！你沿著中正路開車，如何會想到在錦田路彎進去，而無意間發現「郭家肉燥飯」？又如何想到彎進自立二路而發現「小暫渡」？固然你因三鳳宮這廟而沿著三民街找小吃，或在鹽埕區沿著新樂街找小吃，這是輕易能有斬獲的，但高雄太大了，多半的小吃店真的是「躲起來」的。

像四維路這麼寬闊的一條路，幾年前我若不是不小心走進忠孝二路，不可能撞見連台北都不見得有太多敵手的「黃家牛肉麵」。

高雄又太過粗獷，可說不事修飾。太多的佳物從沒想過包裝或對外宣揚，這造成在高雄找小吃往往有「掘寶」之樂趣。仁愛一街大樹後的「綠豆湯」，你遇上了，坐下，

吃一碗，樂無窮也。六合路的「小林雞肉飯」，離六合夜市沒多遠，卻完全不見觀光客，你若來了，絕對像掘到寶一樣的興奮。

你且去看，坊間多的是台南小吃的專家，然而高雄小吃的專家，真是太少了。這是很耐人尋味的。有一種可能，除了在台南探尋小吃比較有成效外，台南二字或古都二字本身似乎比較有價值。相對的，高雄是工業城市，是移民之鄉，各族群的食物較易留存，單單外省小吃便退化得較慢，這反而頗為可喜，不僅左營的韭菜包子猶一逕往下做，鹽埕區的汕頭牛肉火鍋也留得住。

高雄那麼多躲起來的小吃，終於被一個叫郭銘哲的年輕人了找了出來。在這片如此遼闊又長時炎熱的高雄大都會，也惟有郭銘哲這樣不計較效率的散閒卻又有心的人，才會動不動騎著摩托車東鑽西竄找尋躲藏在深街後巷的好東西來吃，還深有耐心的與店家攀談，有的還交成朋友，終於寫出了一本完全不枉高雄無數辛勞小吃業者多年來在這個城市餵飽太多像你我一樣愛吃的人們的書——《雄好呷》。

台南小吃不等於南部小吃，
愛上高雄小吃的一百個理由。

身為一個土生土長久居的高雄人，每當聽外地朋友聊起高雄的吃，常常是離開不了妖豔愛河的四周、藏身鬧街深巷或時髦或在地的夜市群，或者是渡船頭那碗驚天動地的臉盆冰，話題原地打轉的感覺其實有些複雜，既開心著高雄早已經開始被看到了被吃到了，但也焦慮著高雄能看的能吃的豈止這樣。只是，窄街深巷裡，點燈的攤頭千百家，有名的被媒體披露後更有名了，而更多是躲在一隅，看似不問世事，實際上自己就是一部部精采絕倫故事的頭家們，只願低調傳香。但偏偏這樣子的店，外地客就是想找也找不到，因此常常演變到最後人已經在高雄準備大肆吃喝了，但同樣的品項，口袋書推薦的和高雄人真正喜歡的老是不一樣，巷仔內的老高雄們倒是樂得輕鬆，因為私心想要那些小店就保持原本尋常吃飯該有的安靜樣子就好。

當然，這也跟一個城市所型塑的風格有關，風格，談的是城市特色、讓人記得住的城市性格。當我們聊到南部小吃，特別是這幾年從老房子帶動起的小吃熱潮時，第一個聯想到的城市是台南，然而身為南部最大都會區，又是最早期南方崛起的工商重鎮，從明清唐山過鹹水而來的商賈、到日治時期日人造港建鎮的強力開發，本省先民陸續從嘉南、屏東、澎湖遷移而來，戰後在左營、鳳山、岡山等地安置了大批隨國民政府來台的軍民，眷村故事開始生衍累積，本省外省、本地外地的小吃文化百年來在高雄不斷的衝擊融合、終至盤根交錯。小吃進了嘴裡，我們其實也同時在大口咀嚼著這座城市背後的文化內涵，以及歷史交代出的春秋故事，如果從這角度出發，帶著濃烈移民色彩的高雄，吃的個性，自成一格，而且無可取代。

此外，居住環境親水親海，高雄人生性就是不拘小節、熱情海派，對食物的接受度，一派海闊天空，高雄人很爽朗也很直接，只要東西好吃，絕對是大方的伸出手歡迎它繼續留下，這種草莽式的體貼與浪漫，讓外來食物可以不斷的放心走進這座城市，找尋融合的模式，直到彼此水乳相依。捷運系統和自行車步道便捷的串連，也大幅降

低了探索尋味的困難度，也或者你想體驗高雄人騎車的飆風豪邁，租台機車，從外省小吃強大聚集的左營眷區，沿著壽山腳下往海的方向騎，不用二十分鐘，你人已經在本省小吃強大聚集的鹽埕埔和哈瑪星。高雄的路又大又直，點和點之間的距離不遠，天氣又始終晴朗穩定，生活步調又緩慢又悠哉，就算真的迷了路，只要帶著準備完成一趟小旅行的冒險心情，不管往這座城市哪裡鑽，就是舒服。

台南小吃不等於南部小吃，這句話其實不帶有任何的挑釁或對立之意，你甚至能從某些高雄小吃裡找到曾經與台南血脈相連的斑斑證據，而台南二字如果置換成其他城市的名字也不奇怪，這調性移民城市獨有。城市與城市當然可以成為親密的好朋友，只是再好的朋友總還是有自己的生活要過，別人有的高雄不一定有，但高雄一旦有了，慢慢發展出自己的樣子後，對自己所擁有的絕對抬頭挺胸。這本書，從三餐到宵夜、從茶水點心到團購伴手，全幫你著想張羅了。十年前，我在序文內告訴讀者們：「你唯一需要做的，就是找個時間帶著愉快心情過來放鬆的吃喝。」十年過去了，回回都會聽到某個店家的老闆或興奮或自豪地告訴我，有哪些本地外地、本國外國的朋友們又帶著書按圖索驥而來，甚或怕吃不過癮，鬆到乾脆短暫住下來，在這座移民城市裡短暫當個真正的「移民」，我也會在社群媒體上看到來自海內外讀者的標記。

看著他們用自己的方式展現盡情享受過的高雄日常，有種魔幻感，手藝在時代裡不斷被淘洗，每個新故事都像極了這本書的美妙延伸，雖然書裡少數幾間店攤如今已不在了，但我們最後決定還是要將這些從味道裡發展出的故事悉數保留封藏於書中，為的是，店雖然不再飄香了，沒關係，書會，持續香著高雄百年走來形塑出的多元飲食性格和輪廓。

這個輪廓現在還時時變換著，下一個百年，等著和你說聲嗨。

在高雄，

最美味的小吃風景總是發生在菜市場裡。

這句標題其實有點語病，最美味的小吃不見得總是發生在傳統喧鬧的菜市場裡，但在高雄，當你走進菜市場的某個轉角或是深巷裡時，卻能大大提升發現最美味小吃的機率，因為暖熱的人情。高雄的人就像高雄的陽光，很直率，很阿莎力，總是低著頭在做事，喜歡的就是喜歡，不愛迂迴客套，雖然不一定當下就能找到適當語彙去表達出感受，但一定會守護與堅持自己的喜歡，還有客人的喜歡。

這種喜歡，在角色扮演間靈巧的穿梭轉換著，總是低頭做事的攤車老闆，在離天晴尚早的深夜裡趕往批發市場，搖身成為客人，這趟採買的終點可能是漁船剛靠岸的前鎮海港，也可能是十全路底大型的果菜批發，又或著是某個口袋私藏進貨的祕密基

地，從挑菜、競貨、喊價、成交，和長期配合的攤商交陪出感情，像朋友了，自己的喜歡也默默被別人牢牢記住了，於是好貨一到，總是被優先幫忙保留下來。然後再戰戰兢兢拎回菜市場，前置準備謹慎就緒，當小桌小椅被擺出門見客，角色又變回老闆，又開始繼續低著頭認真做事，口碑像是被打翻一地的香氣，慢慢的在攤車菜棚間發燒傳散。

拎著菜籃直搗入市的婆婆媽媽們永遠是最嚴苛的裁判，也是最盡責的守門員，每個人出門前，心裡老早盤算好一套敵我攻防的策略：填滿菜籃這不必說，更重要的是看緊荷包。於是砍價和有時近乎過度的挑剔成為常態，也成為一種生活樂趣和必要；但既然是攻防，攤頭小販們怎麼會不懂如何接招。

最鮮的菜肉一一羅列上桌，在相互制衡間，一種「在傳統市場你永遠可以買到吃到最好食材」的信仰，在南部春秋不墜。小吃攤看似占盡了地利，但某種程度他們也跟著在菜市場通過了最殘酷的測試，除了晨起前置的自我操練，攤販間、甚至是鄰近市場間也總是能在吃喝當下的閒談中，聽聞老闆們相互支援調貨暗暗互訴的心酸和培養出的互助默契，等時間久了，婆婆媽媽們的心被徹底收服，那種「邊低頭做事邊和客人話家常鬥嘴鼓」的畫面就成了清風拂過市場的美妙風景。高雄人很可愛，老闆不擅長也不喜歡在那跟你斤兩間來來去去的計較，總是抱著「有通好賺吃就厚」的大度心情，就像這座城市的港口海納遼闊、道路都筆直大氣；客人也是，如果哪樣小吃真心喜歡上了，那就是接著幾十年的死忠，裁判兼守門員，呼朋引伴的來捧場，菜籃裡裝菜裝明牌也裝八卦，甚至相招起會邀會咖。

從小港到楠梓，從愛河東到愛河西，從早市、黃昏市場到夜市集，菜市場星羅排列，許多菜市場大隱隱於市的躲在市區水泥商廈之間，捷運站上車下車，那裡有最貼近高雄人的生活場域，那裡屯藏著豐厚的下港常民文化，在那裡你找得到任何關於道地的東西，吃進的是風土，語言，生活主張，認同，還有真心的融入。吃，不是旅行的全部，但絕對是旅行中最美好的小事之一，古日君子遠庖廚，但來高雄時可千萬別放棄走一趟菜市場，不，是走幾趟菜市場，暫時放棄還是想要有好裝潢和吹冷氣的想法吧，遮沒在市場裡髒濁滑濕地板上的可都是時間粹煉後的高超手藝呐。

從廟街回溯小吃起源地，

處處都是難以撼動的古早美味地標。

常到廟街附近走逛的人，閒晃久了，總能在不經意間看見廟宇與吃食相互依存的情意。人們仰望眾神前來，攤頭則為了人身上那一張張小嘴而開。我們說廟口廟口，此一「口」字框住的往往是市井裡最尋常、來自身與心最純真的意欲，在高雄，從三鳳宮往西延伸到天公廟，一路香煙瀰漫的廟街，可謂這意欲展現的代表作。

雖然此區早已被劃分進高雄市三民的行政區域範圍裡，但老高雄人還是習慣叫這的舊名，三塊厝。這帶的二大亮點，三鳳宮與三鳳中街，名字裡「三鳳」的由來，據悉就是各取「三塊厝」與「鳳鼻頭山」的字首合併而得。

當高雄還是一片汪洋大海時，突起的鳳山丘陵最前端的陵地像鼻頭般潛伸入海；一百多年之前，高雄仍稱打狗，三塊厝因為有三塊厝港讓唐山的舶來品靠岸而迅速發展起來，有水的地方就有商機，就會聚集人群，日治時期，這裡更設立了火車驛站，肩負起疏通鄰近區域物料進出口的重責大任，因為配合車站的規畫，三塊厝被切分成前、中、後街，三鳳中街就在之前中街的位置，因此現在高雄人都還是習慣叫它「中街仔」，它連通了當時鹽埕到鳳山這條黃金商賈路線，街上充斥著最激情熱烈的買賣聲，小吃攤頭逐跟著慢慢攏形成聚落。

此廟街就位在市中心，不管是搭捷運或火車，從高雄火車站散步過來都不用十分鐘，有許多老高雄人就算不住在這附近，仍

舊喜歡也或者說習慣繞回這一帶，到三鳳宮拜拜、穿過建國路到對面的中街仔帶點糖果餅乾或南北乾貨、然後走回三民街市場裡去找吃的。這裡是高雄小吃的起源地之一，幾十年的攤頭順著細巷兩側搭肩，比鄰而立，一路熱熱鬧鬧的往愛河畔延伸過去，和對岸的鹽埕埔各據一方，河東河西，分領食味萬千風騷。在很久很久以前，先民不管是挑著扁擔千里迢迢從嘉南平原南下，或是順著下淡水溪鐵道由屏東步行上來，甚至遠從澎湖舉家遷移渡海，許多人嘗試在這繁華都城裡拼下一席自己的小天地時，都是用家鄉的手藝在放手一搏。在這一大塊區域裡，你隨處都能嗅到身為一個移民色彩濃烈的城市留下的蛛絲馬跡，許多店家縱然已傳承三、四個世代，但當年用的器皿或推車，仍舊被悉心的保養與使用，至今，這些南部土親的本省飲食文化，都仍被充滿感激的細細保存和珍惜著。

今天，三鳳宮依然昂首矗立在運河邊，裊裊吹升的梵香依舊沾染了美麗的晚霞，宮裡主祀的哪吒太子爺，鞏固了眾人齊心的信仰和這一帶的市井氛圍，依附廟街四周營生的小攤頭，用餐氣氛中多了份盈泰與恬靜，除了書裡有介紹到的，有些沒在書中一一細數的道地老字號，好比周記當歸鴨、老周燒肉飯或是走到三民街底河濱國小路口附近，無店名的鵝肉切和鵝血糕、還有運河邊開在民宅裡無菜單的菜包李小吃部，他們頗得垂愛的活跳海鮮，好比鯛魚米粉、處女蟳和白灼蝦等，這些街肆裡悠揚的小吃風情，不只老當益壯，更是充滿活力，一路親密的陪伴著高雄從日到夜的走下去。

老城區
深夜餐桌探戈

提到高雄舊城區，許多人第一個想到的就是往哈瑪星和鹽埕埔跑，因為小吃，特別是美味的小吃。這沒辦法，因為這區吃的意象太強烈太鮮明了，僅僅是跨越一河之隔的距離，三民老街讓人咀嚼再三的餘韻都還沒消化完，這裡散滿一地深邃的滋味卻又再對我們頻頻召喚。明清時，官府於打狗澳廣闢鹽埕曬鹽賺錢，鹽埕埔成了鹽田兒女棲身的聚落，因為位置處在三塊厝貨物進出水路的要道上，發展快速，埕內的瀨南鹽場以規模來說還曾是台灣的四巨頭之一。日治時代，日本人為疏浚航道開始建港填海，隔壁的哈瑪星成為第一個造陸新市鎮，哈瑪星音譯 Hamasen，日文的濱線，當 30 年代這裡的發展趨近飽和，這條沿海濱而起的政經之線遂將觸角往鹽埕埔延伸，之後台灣糖業進入全盛期，高雄港貿易日盛。發展上，鹽埕埔逐漸趕過哈瑪星，高雄最早的百貨公司和電影院都設在這，日本人甚至把最新流行直接複製到五福和七賢路口的商店街裡，名字就叫銀座，和東京同步脈動。

戰後，1954 年，現在大家所熟知的「大溝頂」陸續加蓋完畢，連通了鹽埕埔的南北兩端，商城和本省小吃開始在河蓋頂上綿密繁衍，承接日治時已發展起來的根基，同年，第一家台灣人自己開的百貨公司「大新百貨」動工，百貨公司頂樓設置了空中兒童樂園，商場內引進全台第一座的電動手扶梯，都徹底引爆逛街熱潮，那時想逛街第一個就是想到高雄，逛完再到大公集中商場附近買布、做訂製服、合身旗袍，

最後流連在大溝頂的小吃迷魂陣裡飽足口慾。戒嚴時期，人民礙於政策限制無法自己買到舶來品，臨靠高雄港的「堀江商場」成了船員將外國貨變現的集中地，從食物、外國彩妝品、服裝、煙酒等應有盡有，有趣的是，開了高雄人眼界的同時，卻也給了竊賊靈感，當時有些船員會把偷渡回來的商品拿去附近大公路和富野路間的市集脫手，而竊賊也聰明的把偷來的舶來品拿來這魚目混珠銷贓，因此這裡有了個「賊仔市」的有趣稱號。但隨著政經線風水週期的再流轉，舊堀江現已沒落，時髦潮敗的新堀江早已取而代之，但堀江二字所代表的風華與美味，是高雄最永遠的曾經。

時間拉到 70 到 80 年代，歌廳秀開始在南部呼風喚雨，「藍寶石大歌廳」這老一輩熟悉少一輩隱約聽聞的名字，從高雄的同愛街竄起，進而帶動秀場文化成為當時市井小民心內最療癒最紓壓的娛樂。老闆喬秀、歌星跑秀、觀眾爭秀、秀場滿檔，許多大牌紅星深夜秀做完就會跑去鹽埕埔吃消夜，粉絲們不管是要追星還是自己肚子餓也都前來覓食，加上這裡一度盛行的牛肉場秀，聲光誘人的戲院設備，以及愛河邊暗巷內星星點點的紅燈戶、流連在愛河邊的阻街女郎和趁機兜攬春宵客的算命術士，入夜後的鹽埕埔氣氛像支曖昧又迷離的探戈，許多小吃攤跟著越開越晚，甚至從那時候開始乾脆傍晚才開門營業，延續至今。在這裡，你找得到一座城市繁華前最初始的樸直原貌，繁華正盛的風起雲湧，還有衰落後洗滌出的絲絲潛沉人情，小吃會透露端倪、那是見證這一切的唯一線索。

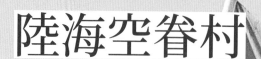

陸海空眷村

餵央歌

升格後的高雄市，是歷經縣改全台灣如今唯一還同時保有陸、海、空三個軍種，包含眷村、軍校和基地的城市，鳳山有陸軍的黃埔新村、左營有海軍的明德和建業新村、岡山則留下了空軍的醒村和樂群村。這些地方強盛的眷村文化賦予了拜訪者大江南北的無窮想像，想像裡或多或少也包含了來自於對那些神秘軍事管制區域的好奇。當然，我們攀不過隔離的高牆，我們最多只能遠望那些荷槍保衛家園的軍人直挺的身影，於是許多旅人帶著想像，帶著好奇，開始在軍營周邊眷村裡的小巷暗弄間四方晃遊，在深迴靜幽的尋常人家門口前企圖尋找答案。

拿舊左營來說，從果貿社區開始遊走，這裡簡直和市區的高雄像是二個世界，有時還真會讓你誤以為走進了北京的胡同，亦或是上海的里弄。這裡縈繞著迥異於本省文化的生活氣氛，雖然這氣氛是後來者，然各腔各省的鄉音在鵝黃瑰麗的日照下順著耳際跳竄。曾經身為台灣最大也最密集的眷區之一，村子頭尾相連，綿長了約五公里，也串起了大江南北的感情線，村民們泰半走過歷史的風浪，在這棲身之所，卸下軍士的身分後，他們特別珍惜彼此在異域的相遇和相聚，吃，成了交流情感最快的媒介。有些老兵伯伯這麼說著，餐桌上，只消幾盤家常，許多深壓的記憶暫時找到出口，也就不必再常常到夢裡去尋求歸根的良藥了，好酒好菜，一桌團聚，總能暫時撫慰鄉愁與心靈。而對高雄來說，也早就習慣了人事間移入又移出不斷的輪迴，她既海納，也包容，更願意嚐新，於是眷村逐漸和各省美食畫上等號，也在不知不覺中，讓城市變得更有個性。

村子裡端出的美食，不見得都有什麼大風大浪的故事，回到最初故事的源頭，泰半就是為了討生活；誠如作家汪啓疆在《南方人文聚落》書中一文所提：「當年左營眷村，男人都起伏戍守軍中，家裡交由妻子當家主事。從獨戶小本經營，先循家鄉味，學著看著做著研發著，就發跡了。眷村味就是這般從貼補家計一步步發茁而起。」許多眷村媽媽們，都是相互傳授廚藝，彼此支援，在家門前點小燈起家的；裡頭也有許多是本省籍太太嫁進了這外省大家庭，從夫家那，從先生同袍那，或從先生上屬的退役老長官那，靈巧的學會一身好手藝，文化的交融渲染，故事在時間河裡的浮載更迭，加上網民與媒體的傳頌力量，讓這些小吃的根基越紮越穩。村子的拆遷也是時代的更迭，但好味道既然都以強悍的生命力飄洋過海來到寶島生

了根，自然是不會就這麼輕易的倒下。

晨光迷離之際，小社區已開始鬧鬧哄哄，從果貿圓環開始，散步穿過舊城門，已消失的自助新村和崇實新村率先映入眼簾，沿左營大路走，埤西巷裡的百年市場左營第二公有市場也早已化作時代中的塵埃，或許從老派的埤仔頭市場一股作氣走到蓮池潭邊的哈囉市場還能找到些答案，還有還有，再更上去的菜公路和海功路一帶，或者更遠，有些甚至早已跨出舊左營在他方開散了枝葉，但無論答案是甚麼，家鄉滋味裡留有的那份惦記，和巴進壁簷裡的捨不得，都已變成了歌，持續在高雄幽幽吟唱下去。

老客人看似悠哉的吃蔥花大餅喝豆漿，看自己帶來的報紙，但不時瞄向蒸籠那熱切關愛的神情掩藏不了，且老早交代好待會包子要留的數量。

專賣道地北方麵食早點的「萊陽麵食」，外省口味包子常常剛出爐就搶買一空。

清晨的果貿，轟轟鬧鬧，社區內各省早點熱騰騰的搶出籠，趕上班的，穿過小菜市帶份早點走即吃，留下來慢慢享用早點的大多是已退休的伯伯婆婆，街坊的笑語聲震天響，吃下肚的盡是過往光陰的美好故事。隱身小圓環裡，開業已30多年的「萊陽麵食」，是間專賣道地北方麵食的早餐店，特別是裡頭外省風味的包子盒子，不知收服了多少張挑剔的嘴。

招牌的肉包子分雪菜、蘿蔔、梅干、豆角、酸菜等口味，紮實勁道的麵糰裡頭疊上了爽揚有味的菜肉，衝出的香氣在嘴邊喧騰，常常現出爐後不消多久就搶買一空，豆角和蘿蔔口味係當年母親仍居住離島時就地取材而生，梅干菜又

切又燒的最費工，卻也因此區隔出了特色。北方風情口味的古早味蛋餅也是別處吃不到，有別於台式用粉漿或潤餅皮的做法，這裡的蛋餅是使用現桿的蔥油麵糰，現點現煎，將撽下來的麵糰桿到薄透見光，微煎到脆口，後疊上蛋汁，入口時配點他們自製的辣椒醬，再來碗冰豆漿，享受吶。獨門的紅豆芝麻千層餅也是超人氣，不同於一般常顯過分甜膩的夾餡吃法，萊陽是將甜餡均勻鋪疊在麵皮後，來回多次的桿平和捲壓，再折疊出層次，口感香鬆淡雅。至於早年只在七夕才吃得到的六面烤巧果，會特別用紅線穿成一圈，純粹的油糖甜香是許多外省子弟的浪漫回憶，還有乾烙噴香的韭菜盒子，吃巧，也吃飽。

山東萊陽麵食館
左營區果峰街 20 號
(07)587-0911
06:00 - 11:30 （週一公休）
高捷紅線 R16 左營高鐵站，租賃公共腳踏車前往，約 20 分鐘。

美紅

鹹豆漿・燒餅辣酸菜蛋・
酸菜／蘿蔔絲餡餅

「美紅豆漿」雖是果貿後起之秀，
但吃早點的氛圍很濃，和他們的豆漿一樣濃。

果貿社區係早期海軍總部的眷村果貿三村改建而來，13棟公寓大樓環型圍圍繞繞，交織出一方濃情天際線、也讓各省美食在此相遇交會；高雄人都知道，要想吃到最道地的燒餅豆漿，就往果貿找，這裡好吃的中式早餐店很多，好比路口的寬來順、圓環內的來來和萊陽，還有後起之秀的「美紅豆漿」。可以先到萊陽嗜嗜外省包子後，沿著圓環路走幾步來美紅喝豆漿。果貿吃早餐的氛圍很濃，可能和旁邊的早市有關，買好菜，到店裡翻翻報紙、邊吃邊和老鄰居聊上幾句，喝豆漿潤喉，等餅等包子出爐，幾乎每家早餐店都是大排長龍。

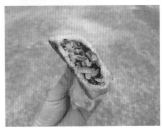

美紅有個燒餅夾蛋和酸菜的吃法，出爐不久的燒餅騰進剛煎好的蛋、上頭鋪滿香氣飽郁的酸菜、不死鹹，吃辣的裡頭可要求放點辣椒，對夾後入口，風味清爽，酸菜的加入巧妙添增了燒餅口感；許多人會提著家裡小壺來這裝熱豆漿，配著酸菜燒餅吃讓人好滿足，他們的豆漿又香又濃、甜而不膩。這裡的蘿蔔絲和酸菜餡餅也好吃，外皮非常細薄，刨絲的甜美菜頭與酸菜讓絞肉餡變得清爽；同樣皮薄餡多的水煎包、各式的肉餅和小甜餅也好多人喜歡。騰進很多料的鹹豆漿則像在大陸早點常會吃到的豆腐花，它不用喝的用吃的，你必須先放棄掉一些對於喝豆漿慣有的邏輯，當熱湯喝喝吧。

在這裡吃燒餅不會掉芝麻，因爲都還來不及掉就全沾在臉上了，門口前二長排隊伍分不清本地人還外地人，大家都安安靜靜的等，不吵也不鬧。

美紅豆漿
左營區果峰街 5 號
(07)588-0191
04:30 - 12:00 （賣完即休息，週三公休）
高捷紅線 R16 左營高鐵站，租賃公共腳踏車前往，約 20 分鐘。

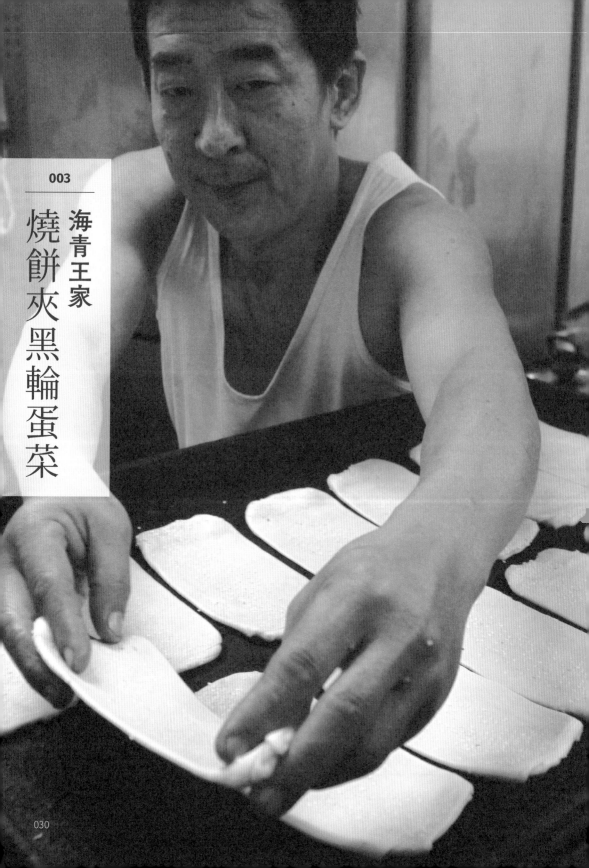

003

海青王家

燒餅夾黑輪蛋菜

話不多的王老闆，喧嘩熱鬧的前場都交給包菜阿姨們去發揮了，始終看到他穿著那件褪色的背心，揮汗在後頭賣力的桿著一個又一個的麵糰。

「海青王家」的口袋燒餅不夾油條夾小菜，
這吃法原是無心插柳，沒想到就此大受歡迎。

在東方乍現魚肚白光之前，左營小眷村裡人稱「海青王」的王老闆，早已開始忙碌的起酥擀麵，手工做起一個個招牌的口袋燒餅，阿姨們也忙碌的準備茶飲豆漿和炸雞蛋，不然上班上課人潮蜂擁而至會來不及應付。

他們的燒餅不夾油條，而是縱切或橫切成大小不同的口袋形狀，夾入榨菜、酸菜、筍絲木耳、毛豆丁、酸甜黃瓜、蘿蔔干等6道家常小菜，捨棄北方人油鹹濃重的做法，花了幾年，調整出這般清爽風味，樣式和多寡都讓大家自由挑選，這吃法原是當時無心插柳下隨手做給顧客的點心，沒想到卻此大受歡迎，20多年來成了獨門特色，更奢侈點，可以挑戰加入黑輪片和炸荷包蛋的豪華總匯吃法，當成正餐都不是問題。聊回燒餅本身。王老闆承襲了父親山東人精湛的麵餅手藝，這裡的燒餅外層焦酥薄脆，一口咬下嘴裡盡是暄騰的芳香，裡頭柔軟紮實，就算冷了也不會出現如粉末般的失敗口感，好吃的關鍵在於焢油起酥的程序，油溫一定要達到接近自燃的280度麵粉才下，耐心攪拌直到變成濃稠的花生醬色才算完備。而麵糰本身不能全用冷麵，需加入特殊比例的燙麵，做出來的燒餅冷掉時才不會有又硬又粉的問題，有許多人是專程來這單帶燒餅回家的，剪成長條狀拿來炒餅或燴餅都是美味加乘。記得一定要帶罐他們精心煉炸和炒製的辣椒醬，分原味和海味2種，做家常菜非常好用。

海青王家燒餅店（唯一創始老店）
左營區左營大路 2-43 號
(07)581-3491
05:30 - 12:00（一個月休 2 天，公休日電洽）
高捷紅線 R16 左營高鐵站，租賃公共腳踏車前往，約 15 分鐘。

興隆居

湯包・豪華燒餅生菜

「興隆居」的後方是整批的手包大隊，
湯包趁熱一口咬下，爽甜湯汁就如潮水，
滾滾而來。

已超過一甲子的「興隆居」，店如其名，與夜市坐鎮
六合路的兩端，顛倒日夜後，總能把馬路上橫溢的
排隊人潮都帶過來，裡頭九成九都是心心念念著那顆比肉
包還大的湯包。一出爐就掃空的湯包，老闆娘最早係從退
役榮民韓伯伯手中把這間早餐店接下，她笑說，可能曾是
陶藝和花道老師的背景吧，捏麵糰好像玩陶土，一碰就上
手。掌店初期持續的北上進修，這個後來苦心鑽研出會爆
漿的湯包，看來已成了她雋永的代表作。

早餐店後方是整批的手包大隊，以手工發酵老麵是
多年來的堅持，和入新麵製作麵皮，不加膨大劑，麵香
自然生成。內餡是鮮豬肉餡去和高湯，高湯用了洋蔥、
玉米、大豆芽、菜頭、番茄等十多樣蔬果與雞大骨慢熬
12 小時，因此肉餡裡飽含自然的甜味，梨山高麗菜碎
在包之前才現拌進去，咬一口，那爽甜湯汁滾滾而來，
和一般搯進豬皮凍生出的汁爆，滋味，天差地別！至於
聊到該怎麼把湯汁鎖在包子裡，老闆娘只是笑笑不語。喜
歡吃辣的話，舀一瓢特製的酒釀辣椒到包子裡，味道極搭，
這做法是一川菜館老師傅的私傳。豆漿依循古法，不勞煮
豆機費心，浸泡、研磨，以文火煮上 6 小時，有專人時時
聞香控火，豆香出來才移大鍋，甜味不是來自大把倒入的
糖砂，而是加入花 8 小時熬煮的糖漿，口感更顯濃香。燒
餅生菜推出時的本意只是想和吃素客人結緣，但配料太豪
華，有番茄、小黃瓜、蘋果、芭樂、苜蓿芽、水蜜桃、美
生菜和素火腿，推出後大受歡迎。

你能想像清晨不到六點，門口隊
伍已經落落長。堆得像樓高的巨
型蒸籠，只要不掀蓋，那這串排
到要警察來路上管制的隊伍也絕
不會有任何動靜。

興隆居（唯一創始老店）
前金區六合二路 186 號
(07)261-6787
04:00 - 11:30 （週一公休）
高捷橘線 O4 市議會站 1 號出口，往六合路方向，步行約 2 分鐘。

店務雖早已交棒給女兒們，但頭家嬤仍每天坐鎮店內，吹好頭髮，化好妝，帶著爽朗笑聲與客人話家常，那情景讓人覺得好安心。

老一輩的高雄人，早起後總會想要吃碗虱目魚粥配油條，
「老蔡」貼心滿足了這想望。

在南部，老一輩的高雄人早起後總會想要趁熱吃碗現煮的虱目魚粥配油條，那是依戀，用來迎接美妙晨光，也因為受這樣的飲食傳統影響，所以到現在仍有許多人對虱目魚有著難以言喻的濃厚情感。隱身在鹽埕區裡的「老蔡虱目魚粥」創業至今堅持古早味，精湛的老手藝已延續一甲子，不知撫慰了多少人的心。

招牌虱目魚粥每天固定選用來自安平的新鮮魚貨，那裡採用海水淡水各半的養殖法，魚在半鹹水的環境下生長魚肉得以避開臭腥的土味，進貨後絕不過冰，因為冷凍後再拿來煮肉的甜份會流失；粥的部分一定是拿生再來米加水熬煮，中間倒掉渾濁米水後加入魚高湯繼續慢熬到米粒軟綿，這樣魚鮮味才吃得進米粒裡，直接

拿過夜飯來煮出的飯湯味道差了一截，另外還加入豬肉、東石鮮蚵、冬筍和芹菜丁來增加口感層次，撇步是只加一點肉燥來提出魚的鮮甜和粥的清爽，不再放會蓋味的油蔥。雖然現在刀法已進步到能把200多根魚刺事先剔掉，但有些老饕就是喜歡那種邊吃邊吐刺帶來的成就感，所以這裡的魚粥就還貼心的分有刺和沒刺2種，旺季時，光早餐時段就能熱賣200碗以上。他們的鳳梨豆醬魚頭和魚肚也好吃，老闆娘，說早先父母親試遍了各地的豆醬，發現來自大岡山的豆醬味道最甘醇不死鹹，且不帶刺鼻嗆味，拿來滷虱目魚最合適，加上火候時間精準掌控，滷出來的魚頭和魚肚不僅色澤美，臉頰肉更是鮮甜化口，配碗肉燥飯和魚湯再幸福不過了。

老蔡虱目魚粥
鹽埕區瀨南街 201 號
(07)551-9689
06:30 - 14:00（固定休農曆初三、十七）
高捷橘線 O2 鹽埕埔站 2 號出口，往瀨南街方向，步行約 6 分鐘。

大溝頂

無店名魚肚漿米粉

如果你想知道南部人能熱愛虱目魚到什麼程度，最好選在寒冬天剛亮的時候走一趟大溝頂，答案就在這裡，也正好順便喝碗暖心的魚湯。

沒有招牌、沒有店名，清晨 5 點多，
大溝頂店內卻已是高朋滿座，人人一碗魚肚漿米粉。

日治時代，愛河在匯入當時舊名打狗港的高雄港前，有後壁港、頭前港、新大港、三塊厝港等會匯流，早期的漢民把這些河道稱為港，沿著出海口進入後直達內陸；後擴建打狗港時期為疏通水量，在瀨南街與七賢路這一帶，建鑿了貫穿現在鹽埕區南北的大溝渠，於是這區有了「堀江」的稱呼。光復後，大溝渠上陸續加蓋，市井開始在大溝頂上繁衍；加上堀江緊鄰高雄港，在那個人民還無法隨意出國觀光的年代，船員跑船完會將一些舶來品拿來這賣，幾十年前想在高雄逛街就會來這，商機帶來人潮，逛完就到大溝頂這邊吃東西，雖然現在新堀江早已取代了舊堀江的位置，但不管再怎麼樣的物換星移，這些現在仍躲在巷子內的老店，仍舊是挺立不倒的阿。

這間已經賣了數十年的老店就是其一。沒有招牌、沒有店名，清晨 5 點多，店內卻已是高朋滿座，人人一碗魚肚漿米粉。這裡吃魚時不配粥，配肉燥飯或粗米粉，深夜一簍簍鮮美的虱目魚送來後，在大鍋斟滿清水，殺魚的砧板和刀具就緒即開始人工作業，去鱗、劃肚、分肉，行雲流水的手路堪稱技藝，精準的從魚身黑紋處劃下，細膩的剝下魚皮，整片裹薄漿水氽，魚肚也是，那彈潤和鮮美全都留下了，狀似米苔目的大摳米粉徹底吸飽湯汁，晨起上工的大哥們會再多追加肉燥飯和炸牛蒡魚肚漿的天婦羅，那是隱晦小巷裡最揪心的早餐時光。

大溝頂無店名魚肚漿米粉
鹽埕區新樂街 198-38 號 （阿囉哈滷味對面巷子進去）
05:30－13:30 (賣完即休息，每月公休 2 天請電洽)
高捷橘線 O2 鹽埕埔站 2 或 3 號出口，往七賢路方向，步行約 5 分鐘。

幾碗碗粿在圓鐵盤裡排出一朵花。晨起運動的老伯，準備趕上班上學的母子，剛下工或者正要去上工做事的藍領大哥大姊，圍著小店，齊聚一堂。

來「林麻豆碗粿」，自己掀蓋取粿，
粿渣精華要記得連同豆腐湯一起喝下肚。

米，自古就是我們生活的主食，以米為主角延伸出的吃法更是千變萬化；炊粿，是其中經典，無論做成甜的鹹的、拿來祭祖或當做小點解饞，從早餐開始，吃粿、吃進的也是台灣豐厚的草根內涵。早期農村，稻米收成後會放置一年，待水分被吸乾後打成米汁沖入小碗中，綴點些許菜料，以蒸籠炊煮成型，分送左鄰右舍，澆淋醬油膏和蒜汁，用竹片切食，吃飽也吃巧。

時至今日、碗粿已成了富裕生活下返璞的懷舊小點，在光華路早市裡開門做生意已一甲子的「林麻豆碗粿」，其碗粿滋味頗得高雄人的心。製作碗粿從選米、淘洗、打漿、騰料到蒸炊都是學問，台語有句俗諺：「阿婆仔炊粿，倒塌。」將碗粿的製作描繪得活靈活現；好吃的碗粿，口感一定紮實有彈性、而非一味的軟糜，蒸好後中間會略微凹陷。林家的碗粿係老闆娘一早四點開始製作，裡頭加入了香菇、蝦米、油蔥、瘦肉、蛋黃，置入碗底沖進攪打好的米漿，炊好放進保溫桶，之後擺滿整個圓鐵盤，一疊疊的放在桌上小籠裡供客人自行取食。掀蓋取粿，妙趣橫生。搭配古早油膏、蒜蓉和辣椒，用傳統小鐵叉將軟彈滑嫩的碗粿劃開倒醬是最在地的吃法，再配上用板豆腐熬煮的味噌湯。早市新鮮的板豆腐一點一點的加，整鍋湯是越喝越有味；早期都會在最後把湯倒入碗中，和入殘餘的肉屑粿渣等精華一同喝下，好滿足。

林 · 麻豆碗粿
苓雅區光華二路 370 號
(07)716-2363
07:00 - 13:00(賣完即收攤，週一公休)
高捷紅線 R8 三多商圈站 4 號出口，往光華夜市方向，步行約 20 分鐘。

008

大港
酸辣飯糰

「大港早點」的擺攤車裡
專心用掌溫按壓出的溫熱飯糰，
是許多北高雄人晨間最美的依戀。

省道進高雄市區後在十全路右轉，這裡俗稱「新大港」，夾在孝順街和山東街中間的保安宮，是當地民眾的信仰中心，庶民尋常生活在香火繚繞下跟隨著煙圈走過恬靜的日夜。來說日吧，保安宮後方，山東街和自忠街路口的「大港早點店」，前方推出的飯糰攤車已傳香 60 多年，背影已摳摟的老老闆娘，巧手捏出的溫熱飯糰是許多在地人晨間最美的依戀。

從一開始老夫妻獨挑大樑，到現在加入女兒等人手組成的包飯糰陣容，中間大木桶內的糯米飯不斷的追加，米飯翻攪沁出陣陣白煙，備料一袋袋排開，年輕一輩的俐落身手幾乎和阿婆已難分軒輊，傳承的意味濃厚，只是她們共同特色就是不苟言笑，專心的用掌溫按壓出胖撐撐的白飯糰。飯糰共有 8 種不同口味，但其中以酸辣和蔥蛋口味最受歡迎，特別是別地方吃不到的酸辣飯糰，糯米飯裡騰進了菜脯、油條、肉鬆，還有帶辣的甜酸菜，菜料都由老老闆親自操刀，祕密武器就是最後阿婆會敲一顆鹹鴨蛋黃進去然後快速包起來，蛋黃受到米飯餘溫催化變得香甜鬆軟。噢，對了，裡頭還加入爽口絞肉，這組合超越了我們對飯糰的既定想像，層次鋪排巧妙，好好吃，再配一杯紅茶豆漿，這早晨已經好的有點過分了。對飯糰沒興趣，那老老闆的古早味大蛋餅也是口袋選項。有好多人可是起個大早，千里迢迢而來。

可千萬別以為這裡只有高醫的學生會捧場，他們的酸辣飯糰吃上癮後，你會迷戀聽到那包飯糰到最後，喀～～敲破蛋殼的脆爽聲，那是這場秀的高潮。

大港早點店
三民區山東街 190 號（創始老店）/ 三民區正興路 158 號（正興店）
(07)311-5027（創始老店）/ (07)380-8501（正興店）
05:45 - 11:30 / 05:30 - 11:30（公休日皆電洽）
高捷紅線 R12 後驛站 2 號出口，左轉十全一路往高雄醫學院方向，步行約 15 分鐘。（創始老店）/
正興店目前不近任何捷運站。

「郭家肉粽」內餡出乎意料的簡單，
就是靠豬肉和鹹鴨蛋撐場，滋味卻是無窮。

沿七賢路過愛河往鹽埕方向、和壽星街平行、北斗街上頭的「郭家肉粽」是你想吃南部粽時不容錯過的選擇。第二代郭老闆爽朗大方的笑容是店內風景，從他專程聘請名師設計富有濃厚古早味的裝潢和可愛的尪仔鏢名片看來，你不難發現老闆多了份想熱切與人分享的童心和浪漫。民國 40 年從路邊攤起家，在那個北斗街入夜後歌舞昇平霓虹初上的年代，圍繞著當時最夯的新高戲院周圍的攤販絡繹不絕，客人大多是為了電影、歌仔戲和脫衣舞秀而來，結束一夜歡愉，肚子餓了，他們的肉粽配四神湯成了散場前最銷魂的夜點，不夜城裡的肉粽傳奇於焉展開。

他們的粽子每天熱銷 2 千多個，內餡出乎意料的簡單，就是靠豬肉和鹹鴨蛋撐場，滋味卻無窮；豬肉選擇皮仔肉、中油肉和瘦肉，但會隨著冬夏溫度的不同調整比例，那是要避免油膩口感發生；鴨蛋不管是蛋黃或蛋白都要包進粽裡；糯米選用的是庫藏 1 年以上的老米，米性粘稠卻又有彈牙的 Q 度，裡面透著牛肉葉的淡香。沾醬是用炒肉時留下的肉汁做成，不再另外勾芡，淋在肉粽上頭會有肉燥香，好滋味常讓其他縣市的客人包遊覽車慕名而來。再配碗四神湯或豬腳湯吧，湯頭同樣是以豬前骨熬燉的高湯襯底，被古早鑄鐵鍋燉得香濃可口，膠質豐富的豬腳肉被切成入口剛好的大小，配著肉粽吃極其對味，四神單見豬腸不見薏仁是其特色，湯頭濃郁灑入幾滴米酒可說畫龍點睛，整套吃完會著迷，推歸落粒。

· 附註：郭明坤老闆於 2021 年 7 月決定退休，並交由大弟子接棒經營，更名為「肉粽泰 Tai」。

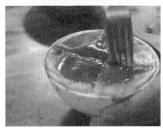

看似越簡單的東西，要收服客人的心就越難，但收服後就變成客人用餐時段等位子很難了，看那肉粽一大串一大串的綁，豬腳湯一碗又一碗的上就知道。

肉粽泰 Tai（原郭家肉粽）

鹽埕區北斗街 19 號
(07)551-2747
07:00 - 23:00(公休日電洽)
高捷橘線 O2 鹽埕埔站 2 號出口，往七賢一路方向，步行約 15 分鐘。

010

阿美

屏東清蒸肉圓

菜市場裡攤頭排山倒海，認好攤位上那大大的幾個白底紅字，想要話家常就坐攤車前的單人位，如果菜籃帶蔥掛肉的那就移到隔壁小桌，吃起來比較從容。

有些人在「阿美清蒸肉圓」打發完一餐還嫌不夠，
非要再外包幾個回去這才甘心。

越過中正市場裡喧囂飛騰的菜籃天際線，和早市小販周旋完，拐進黃海街，市場側門口停了輛攤車，一些備料或攬客所需的鍋盆器皿全就地在騎樓下各自去找地方。攤車上很簡單，就一鍋清湯、幾桶醬料、還有那疊滿油潤肉圓的深甕，老闆娘阿美，俐落的將肉圓按需要的量騰進小碗，邊淋醬，邊和客人閒話日常，只有二張小桌，有些人打發完一餐還嫌不夠，非要再外包幾個回去當點心這才甘心，甕底朝天的速度遠遠超過想像；此時，總會看到老闆推小車，把剛做好的肉圓，迅速從附近的小廚房給載運過來，眼尖的婆婆媽媽們追隨著小車聚聚散散。

屏東肉圓主要以蒸炊呈現，迥異於中部的油炸風味，不膩口卻仍見油潤香；剛蒸好的肉圓全被層層浸潤在甕底的濃郁湯汁裡，這裡的肉圓較一般看到的清蒸肉圓，色澤和味道都再更重些，飽滿又驕傲的在你眼前彈晃，淋上特調醬汁，順手帶上芹菜珠和蒜泥，這裡的祕密是還會多加一味甜甜的番茄醬。把粉漿劃開，蒸炊後變得剔透的粉皮吸附了飽滿肉汁，彈Q中又帶點軟黏，裡頭是辛香緊實的肉丁，不死鹹不油膩的吃法深獲客人喜愛。吃完碗底會殘留許多的碎渣，內行人會把湯倒入，一飲而盡所有精華，一路忙到正午，越早來吃越保險，賣完就收攤。

阿美屏東清蒸肉圓
新興區黃海街 46 號
(07)226-3763
06:30 - 12:30（賣完即休息，週一公休）
高捷橘線 O6 信義國小站 4 號出口，往中正市場方向，步行約 5 分鐘。

011

蘇家

柴燒古早麵・
粿仔條

「蘇家」的傳統大灶柴燒麵、
已堅持百年、浩浩蕩蕩走過四代。

如果從阿祖開始賣湯圓乾麵開始細算，蘇家已浩浩蕩蕩走過四代、百年時間，就隱身在俗稱「兵仔市」的鳳山第一公有市場內，當年鄰近的軍事單位和部隊伙房都是來這買菜，如今物換星移，獨留老麵攤屹立不搖。仍使用傳統大灶燒柴煮麵是傳承也是堅持，跟隨早市作息，清晨五點多灶爐也開始閃爍亮光，煙霧裡火星跳竄，蘇家代代都向城隍廟附近 80 高齡的阿伯買木柴，阿伯終生賣柴，眼光精準，貨源穩定，麵好吃他絕對占有功勞。大灶也是。現在幾乎已找不到懂得蓋灶的老師傅，在這持掌麵攤自學如何修灶養灶、填補灶土，也是份內功課。

柴燒與瓦斯爐火養出的麵條最大差異來自對溫度的控制，傳統大灶火焰產生後燃燒覆蓋的面積全面，溫度高、強度夠，麵丟進湯水裡縮短了停留時間，浮出水面即可起鍋，此時麵體已被熱度充足穿透，反觀瓦斯爐火會視客人多寡不斷開開關關，水溫上上下下，即台語說得「軟力」，比起大灶木柴進去，灶門關閉後，薪材逕自氤氳燃燒，溫度保持平穩，這樣的差異不僅影響煮麵，豬大骨湯頭的滋味持久與否亦產生落差。這裡麵條加了鴨蛋，故味道更厚了一些，煮麵過程一定要持續添加新水，因為陸續盛碗的麵條澱粉全都殘存在裡頭，會越煮越稠，影響後面麵條熟透的程度。麵裡有韭菜、豬肉片、蔥蒜、拌上自家每天鮮榨的豬油、還有那鍋從不換洗的滷肉燥，整碗麵裡看外看都是古早味，不好麵者，亦有粿仔條和米粉可選，乾吃湯吃都好。吃麵配湯，扁食和魚丸都自家手包，旗魚漿丸子裡打了鴨蛋，單嚐滷鴨蛋或是來盤用中藥包和米酒滷好後凍了一夜的豬耳朵，也都是伴麵之選。灶台上的菜料常常午餐時間還沒結束就賣光，怕撲空請趁早。

灶爐上的湯鍋移開後，爐口結滿層層堆積厚實到發亮的炭渣，別看這些渣碎不起眼，可是幫忙穩定溫度的小關鍵呢。

蘇家古早麵（原第一市場阿來麵）

鳳山區第一公有市場中段位置，可從近中山路和維新路口、鳳山鹹米苔目正對面入口處進市場。
0913 - 005922
06:30 - 13:30（賣完即休息、每週週一和農曆十七公休）
高捷橘線 O12 鳳山站 1 號出口 或 O13 大東站 2 號出口，步行約 15 分鐘。

012　*
──────
可口
雞肉飯

裝潢在換了雅緻的紅磚瓦牆後，空間更加明亮舒適，常會遇到隔壁桌就是某某坐黑頭車中午趕來吃雞肉飯的大老闆，那可能是他們每一天最放鬆的時刻。

「可口雞肉飯」的這可口店名，
吃的是從雞肉到米飯一致性的可口感受。

原本在民國 53 年創立於新興市場口的「可口雞肉飯」，在民國 79 年搬遷至復興一路現址營業至今。第一代的老老闆在當年為了做出好吃的雞肉飯，不惜四處打探走訪，費心試味，於是到最後那碗傳說中超級美味的雞肉飯終於在市場口的騎樓下誕生，叫好的口碑延傳已逾 50 年，現在手藝已傳承至第三代的帥氣小老闆，吃飯，看人，大票師奶心情愉悅。

雞肉選擇的是火雞腿肉，介於土雞和肉雞之間的適中肉質，拿來切絲口感最對，要避免雞胸肉最怕的乾柴，水汆燙肉時的火侯拿捏是關鍵，靠的全是經驗的積累，此外店內擺了一台特製拿來切雞絲的機器，是 20 年前特別訂製的，切口完全順著雞肉紋路，因此這的雞肉吃來鬆軟細緻；另一個特色就是這的雞肉飯除了澆雞油還澆肉燥，有許多老客人甚至是為了這噴香肉燥而來。老闆每天親赴市場去拿取已委託人工切勻的三層肉塊，人切的肉比較不會有澀味，而肉燥噴香不油膩的撇步是在用大火煮滾後轉小火去燉，最後關火用燜燒的方式將肉香逼出來。此外不用一般常見拿來炒肉的紅蔥頭，而是選用產自台南土城數量稀罕的珠蔥乾，珠蔥在每年的端午前後大出，切末後必須經過曝曬引出脆度，拿來炒肉燥味道奇香，加上使用的是帶芋頭香氣的香米，整碗飯油滋發亮，輔以各式滷菜和選擇多樣的海鮮湯，因此來這吃飯常常會讓人陷入到欲罷不能的境地。

· 附註：因人手不足，於 2021 年 4 月結束營業。

可口雞肉飯
新興區復興一路 70-5 號

堀江

潮州沙茶肉片飯・招牌乾麵・煙燻甘蔗雞

廚房一方小小天地，食材被精準的堆疊和擺放，這是為何中午用餐人潮洶湧，老闆娘依然能夠優雅掌控場面的祕訣。

隱藏在「堀江麵店」菜單中的潮州沙茶系列飯麵，只有內行人才懂得點。

代代相傳，你隨時都有可能在某個轉角和老店不期而遇，彎進瀨南街走進舊堀江商圈，必忠街口「堀江麵店」的肉燥乾拌麵和潮州沙茶肉片飯又是另個老饕藏私的口袋美食。

第一代傳承至今已隱隱越過一甲子時光，來到店門前，印入眼簾的豐盛食材已足夠讓人瀰溢口涎。肉燥乾麵，麵條分粗細兩種，有著別家所不及的爽彈，噴香的肉燥和祕製油汁是整碗麵的靈魂所在，輔以豆芽菜、赤肉、雞捲的點綴，招牌好吃。煙燻甘蔗雞是老闆娘的拿手菜，雞皮還吃得到甘蔗的香與甜，土雞肉質嫩滑不柴，輔以用玉泰白醬油等祕製出的甜美醬汁，不消數小時旋即賣光。另外隱藏在菜單中的沙茶肉片系列飯麵，只有內行才懂得點，用來炒肉的是自製潮州沙茶醬，味道香郁獨特，配著滑嫩的牛豬肉片非常對味，在別處吃不到的。苦瓜封湯和鹽菜豬肚湯則味道清爽，白苦瓜經大骨湯燉熬後鬆軟甘甜，裡頭夾著用胛心肉和旗魚漿打製的飽實肉餡，口感鮮郁；豬肚全賴自己清洗，併進酸菜口感更脆爽彈口，分量也可觀，薑絲和酸菜帶出飽漲的辛沖香，襯托了豬肚的鮮味。

堀江麵店
鹽埕區必忠街 223 號
(07)521-1423
10:30 - 14:45（週一公休）
高捷橘線 O2 鹽埕埔站 3 號出口，沿五福四路左轉必忠街，步行約 5 分鐘。

輪到自己時總會興奮的窩在大滷鍋邊，著急期待著鍋裡浮浮沉沉的爛肉們，到底哪一塊會屬於自己，幸運的話，老闆娘還會多舀一些碎肉到你碗裡。

「華喜」單單只專心賣爛肉飯，
於是多年來人氣暢旺不墜。

爛肉，是台灣市井意象裡另一個最讓人難以割捨的風景，按著私房心法，循著鬧街小巷，萬家飄香；家裡灶臺上可曾擱著一口大鍋，鍋裡溢滿著調味好的油水裡頭浮沉生肉，重量輕易就壓制住底層的焰火，在安靜的午後，醞醞燜燒。翻開兒時記憶，特別是在年後或清明，供桌上總有大量謝神留下的供品，精打細算的阿嬤們將五花肉大卸八塊，按自家口味斟酌的祕方，細滷出的大鍋噴香爛肉，足以撐起家裡幾口灶人幾天的吃喝，盛一碗白米飯，明明只是拌攪滷汁和肉，卻邊吃邊笑。

循著這樣的食飲記憶找到前鎮人氣 50 年不墜的暢旺老店「華喜」，整家店單單只專心賣爛肉飯，長年經營，店內僅僅幾張小桌小椅，但一大鍋插著竹籤的噴香爛肉在客人眼裡驕傲的透散光輝，點的時候，可要求肥一點、半肥瘦、或者瘦一點，肥肉簡直香氣撲鼻，入口即化，那讓人瞬間明瞭為何有人終其一生都在追求這白花油脂從齒縫間繃開的爽快了。鹹甜也拿捏得恰如其分，碗裡另有爽口的酸菜和嫩薑幫忙解膩，還有一顆半熟的荷包蛋，道地吃法，淋點蒜泥後把蛋戳破讓濃稠蛋汁和白米飯充分交融，滋味特別美妙，半肥半瘦是初訪不錯的選擇。有三種湯可以搭配，喜歡濃厚口感就來碗虱目魚羹，味噌湯和貢丸湯則清爽些，選什麼都好，怕只怕，多點一種湯就會引誘自己多吃一碗飯，但其實偶爾這樣放縱自己一下也無妨，你知道的，肚子飽了嘴巴就笑了。

華喜爛肉飯
前鎮區瑞隆路 469 號
(07)722-3233
10:00 - 20:30（只休農曆新年、清明節）
高雄輕軌 C1 籬仔內站，步行約 10 分鐘。

郭家
肉燥肉絲飯

來這裡吃飯，從建築到食飲文化，
從那鍋不滅的滷肉燥到庶民的人
際，都是骨董級。

從透早到午後，
不斷的人潮都爲了「郭家」那老市長等級的肉燥飯而來。

穿過中正路上巍巍巨樓，午飯時間還不到，已看到不少白領小資鑽進錦田路小巷，準備大口嗑起那碗傳說中老市長等級的噴香肉燥飯了。縱使肉燥飯的味道早已開枝散葉，然開業已 40 年時間的「郭家肉燥飯」，仍讓不少老高雄人念念難忘。本是油湯底的郭家，一開始原是在六合夜市擺攤賣小吃，後經歷數次流轉終在錦田路的這間三角窗生根，第二代老闆郭明昌，揮著汗，悠悠說著屬於「這一小碗」風華的故事。

細看郭家肉燥飯的兩大靈魂：醬油和豬肉，挑選特別用心，醬汁不死鹹的醇甘滋味，是選用古早味純釀醬油的一份堅持，長年和鼓山老店協成合作，醬油係將黃豆鋪疊粗鹽後放入古甕中釀造七個月時間生成，醬色不如一般看見的死黑，透亮澄澈，還蘊著一股濃烈豆香；肉燥的部份不像一般常吃到的是碎裂的絞肉泥，每天清晨即要開始處理特選的豬頸肉，並將之剁切成小塊，這個部位彈口緊韌，經過拌炒後瀝掉表層浮油，是這裡的肉燥味道好卻不油膩的關鍵，接著倒入特製陶甕中讓陶土吸乾多餘的水分，續燉滷一小時直到入味。另外也可嘗試別處吃不到的肉絲飯，而菜單上沒有的肉燥肉絲飯是熟門熟路的老客人才懂點的，配著滷味魚肚，和現炒的清爽小茶，再來一碗熱湯，騎樓底下庶民食飲的熱烈風景，可是從一大早就開始一路搬演到午後呐。

郭家肉燥飯
新興區錦田路 39 號 (近中正路口)
(07)227-4373
04:00 - 14:00(公休日電洽)
高捷橘線 O6 信義國小站 3 號出口，左轉錦田路，步行約 2 分鐘。

想要吃古早味手法料理的餐點，鹽埕埔的「小西門」是最佳選擇。

進鹽埕區後往鹽埕街的方向走，「小西門燉肉飯」的招牌在街井悠悠飄蕩，入座後迎面而來的是熱情的第三代蘇老闆，聽著他講述起一代蘇老太太當時開店的風起雲湧，實難與他年紀輕輕放在一塊聯想。小西門的前身，是大智大仁路口的高速餐廳，在當時以工Y燉煮有滋有味的料理深受客人喜愛，因緣際會，最後在鹽埕街生根取名小西門，試圖詢問這逗趣店名從何而來，蘇老闆笑說這是阿嬤的乍現靈光，已不可考，然店堂裡一派熱絡的氣氛，彷彿到了西門町。

店內最招牌的餐點，當屬古早風味的火燒排骨，謂之火燒，乃是將帶軟骨中排微炸、後入炊具用火焰燉燒，高湯和肉汁因此完整鎖在肉塊裡，鮮嫩多汁，扒飯首推。另一招牌的燉肉飯，則選用了肥美潤濕的溫體三層肉同梅乾菜燉煮，光是梅乾菜要洗出脆爽和鹹香來回至少就要經歷五次的搓洗，最後表層包覆油脂晶瑩光亮，連同三層肉下肚真是無比美妙。別處吃不到的魷魚螺肉火鍋則是另一驚喜之作，靈感源自客家小炒，將取自三鳳中街的魷魚乾貨和新鮮螺肉做好處理後，放進用螺肉汁和柴魚高湯燉煮的高湯裡細火加溫，綴點蒜苗筍片等，口感甘甜鮮美，極適合在餐點之外點一鍋眾人分享，特別是天冷時喝來特別暖心暖胃。蛋黃瓜仔肉、扁魚白菜、筍絲蹄膀都好吃，邊吃還可邊喝店家貼心提供每天滾煮的柴魚高湯，免費享用。

幾乎每道主菜的年紀都比我們還要老，但越老滋味越好，柴魚高湯順著水管滾滾而下，打開水龍頭裝湯，感覺像是也打開了時光機。

小西門燉肉飯（創始老店）
鹽埕區鹽埕街 43 號（近大仁路口）
(07)561-2651
11:00 - 14:30 / 16:30 - 20:00（公休日電洽）
高捷橘線 O2 鹽埕埔站 2 或 3 號出口，步行約 3 分鐘。

燒肉壁爐不斷噴出煙氣穿過燒肉
大姊的髮絲,肉翻得行雲流水,
就是人不得空閒,滴下去的肉油
太滋補,幾度遠看很像在發爐。

「霞」的燒法不見甜膩,反依循古早炭烤味較重的燒肉模式攬客。

來到高雄,如得閒暇之時光,信步走入大街窄巷內穿梭晃遊,將不難發現,三步一踏,五步一走,眼眸有極大機率會出現燒肉飯招牌在天際線上無邊蔓延;細細觀察,招牌起的稱號五花八門,尤其以姓氏起名者,最受食客青睞,蹤跡遍及高雄各區,你幾乎可以確定在高雄人與燒肉飯之間存在著某種親密關聯,而這等親密,推敲或與氣候和城市型態有關。南部天氣長年澳熱如夏,飲食相較北部所偏好的調味,燒肉飯的濃重香甜恰恰吻合了所有條件,幾家連鎖型的老字號,燒肉即以甜豔見長,飢腸轆轆之際,尋香而來,小碗公粗飽的分量,讓味蕾沉溺啖肉之歡愉已謂足夠。如比擬成生活裡勞苦片刻可得的一絲心靈慰藉,細數綿長日子,終究也就無法不依賴。

位於八德南台路口的「霞燒肉飯」,泰半上門的都是住附近區域的老主顧與雄中學生,燒肉不見甜膩,反依循古早炭烤味較重的燒肉模式,老闆娘每天親赴傳統菜市挑選整條豬里肌回來自己切片。強調肉片的厚薄和肥瘦影響口感甚大,壁爐有位大姊專職坐鎮燒肉,滴下的肉油冒出烈焰,不停旺燒,浸漬的醬料以米酒取代水,酒不僅去肉腥,還能提升醬糖的香氣。米飯特選花蓮純淨無汙的玉里米,米飯先淋上帶蒜香和油蔥的肉燥,燒肉交疊鋪排佐以甘甜黃蘿葡取代黃瓜片,一扒飯,甜鹹好滋味直攻味蕾,除了味噌湯,鮮美料多的蛤仔湯也是配飯的熱門。

· 附註:於 2015 年 8 月遷至下方新址。

霞燒肉飯
新興區復興一路 70 號
(07)236-1516
11:00-15:00 / 16:00-19:30(賣完即休息,公休日電洽)
高捷紅線 R10 / 橘線 O5 美麗島站 8 號出口,步行約 5 分鐘。

當「博義師」自行發明了這弧型加蓋烤爐，
他們的燒肉就注定了獨一無二。

燒肉飯極好引發食慾，最初，是爲了滿足藍領的大哥大姊，能快速吃飽，然後抓時間休息，然最後變成許多高雄人心中的最愛，醬汁是靈魂，各家開始細細鑽研，終在細節發展出差異，從美麗島出捷運站後往復橫路的小巷走，在「博義師燒肉飯」這裡，燒肉飯又有了不同的詮釋。

有別於其他家，已退休的博義師早期是從賣麵包起家，這練就出他對麵包攪料比例該如何配置的獨到眼光。敏銳味覺延伸到燒肉飯上，片好的里肌肉片很厚實，需要先浸潤特製醃醬約莫一小時間去讓肉片附著醬香；此外，這裡燒肉不用一般常見的烤肉架，博義師自行發明了一弧型加蓋烤爐，裡頭可以疊進四層烤架來燒肉，這樣的設計讓火苗不會由下往上直接把肉片燒老燒焦，而是透過底層焰火將循環熱氣由四周向肉片擴散，肉片由最底層進，漸次向上推移利用熱氣悶熟，這樣烤出的肉片，肉色飽和，口感富饒炭香，惟必須使用較別人多二到三倍的木炭用量，用心程度可見一斑。層層滴落的肉汁也不浪費，加進陳年老滷，噴香誘人，拿來滷菜料，好吃的不得了，拿來澆飯那更是讓人失去抵抗能力，每到中午，這裡就會上演附近上班族趕時間爭搶燒肉便當的戲碼。配菜一定要試滷秋刀魚，用滷肉汁搭上番茄醬、味醂、柴魚去燉兩小時到化骨，魚肉的鮮甜仍被完整保留。

這裡翻肉的技巧特別不同，層層又疊疊，肉片從醬水裡一步步爬上青天，烤爐鎮守店門前，鮮出的燒肉在陽光下特別飽滿耀眼。

博義師燒肉飯（創始老店）
新興區復橫一路 276 號
(07)251-5518
06:30 - 20:00（週三公休）
高捷紅線 R10/ 橘線 O5 美麗島站 5 號出口，轉進南華路步行街，步行約 5 分鐘。

正宗周
燒肉飯風雲之三

在河堤社區還沒發展起來之前，這裡就已經是這區叱吒風雲的小吃明星，隔壁海產粥也是他們家的，有些人甚至會在逛完漢神巨蛋後散步過來。

「正宗周」賣的是南部道地的甜美風味，
燒肉的好，讓燒肉自己去說話。

細看燒肉飯百家爭鳴，泰半做法相似，剩下的就是在細節掌握度上各自發揮；通常我們會聽到店家用「祖傳祕方」四個字輕鬆帶過，其實只要好吃，也就毋需費時深究。採用炭火燒肉是必備的傳統，若以瓦斯爐烘烤則顯得誠意不足，香氣也僅能附著表面譁眾，味道無法滲透那吃來就是醬肉分離。通常選在人多時前往，那麼吃到現烤肥嫩肉片的機率會大增。

位於裕誠路上的「正宗周燒肉飯」，每到用餐時段門口即湧現大批等吃燒肉的簇簇人頭，忙碌的烤肉棚子不斷翻燒，看烤肉阿姨一手忙碌的刷除網面黑炭渣，一手俐落地從盆中迅速夾起生肉片，一片一片的鋪排整齊，炭火因滴落的肉脂助燃悶燒的更為猛烈，此時快速來回刷上烤醬，加速翻烤次數，直到肉片微微捲曲上色，醬香肉香竄飄，趕緊盛碗白淨分明的米飯，騰上噴油湯的燒肉，這裡吃的就是南部道地的甜美風味，配上爽脆黃瓜片，就不再澆淋肉燥，讓肉片自己去說話。一定要配油豆腐和滷蛋，待筷子斜插入碗後像被催眠般手開始死命來回掃動，美味悉數往嘴邊推，最後以解膩的豆腐味噌湯作結，清爽的虱目魚肚湯也有得喝，解膩清油，一不小心就會多推一碗。外帶便當則可自行搭配滷菜，亦或繞過來單買個燒肉切盤，也很好。

正宗周燒肉飯
左營區裕誠路 213 號
(07)558-4232
10:00 - 21:00(公休日電洽)
高捷紅線 R14 巨蛋站 2 號出口，沿裕誠路往自由路方向，步行約 10 分鐘。

「小暫渡」這店名當初只是阿公創店時
想暫時以賣米糕渡日而得，生動無比。

高捷美麗島站附近區域，小吃如星羅棋布，精采度
可比圓環下頭那片彩色玻璃蒼芎。往自立二路走，
隱密巷子內的「小暫渡米糕」已經四代傳香。第三代老
闆客人都喚他米糕慶，他說小暫渡這店名的來由，當初
只是阿公創店時想暫時以賣米糕渡日而得，卻沒料到這
製作正港肉燥米糕的好手藝一直被高雄人喜愛至今。

　仍堅持使用古法的炊斗、蒸籠和鹹草編網來煮
飯，這煮法最能突顯與保留糯米的味道，這裡堅持保
留南部肉燥米糕一定要有土豆、香菜、小黃瓜和旗魚
鬆的傳統。為了確保魚鬆鮮美，多年前還特向內惟全
盛號訂購機器自製；當米糕澆淋上自然陰涼的陳香滷
肉燥，輔以上頭配角氣味相互的穿鑿，乾爽不膩口，
再配碗藥香醇厚的四神，湯裡添了脆口的豬腸，米酒點
的量可自行斟酌，吃完，滿足。檯前琳瑯滿目的切仔料
是這裡另一個驕傲，每樣食材都是當天進貨當天賣，不
過滷、不浸甘蔗汁、只循白水川燙，只要新鮮食材原本
清甜的滋味。像是淋白醋的旗魚肚、爽甜的涼筍和荸薺、
香酥紅糟熟肉、旗魚粉腸等等，都是些最古早的滋味，
另外，特別用蟹管肉、蝦仁、荸薺做出的蟳丸和另一道
三色蛋，滋味奇佳，現在已經好少地方能吃到了，是米
糕之外讓人回到家後最不忍遺忘的想念，小菜僅需蘸點
僅能保存一天的自製油膏和混了味噌的辣椒醬即可。

小菜經過老闆一樣一樣細緻的處
理，最後才擺上工作小檯展示，
看過去一片繽紛亮眼，可怕的是
每道都好值得試試，所以到這裡
記得朋友要帶夠！

小暫渡米糕
前金區自立二路 19 號
(07)282-5088
09:00 - 17:00（公休日電洽）
高捷紅線 R10/ 橘線 O5 美麗島站 2 號出口，步行約 5 分鐘。

021

東坡
月條肉飯・
粉蒸肉・腸中腸

「東坡」從掌握各色鮮肉飯到幅員遼闊的
台式碗碟小菜,樣樣都是叫好叫座。

40年前「東坡鮮肉飯」在文化中心旁的窄路上由父親點燈起家,鮮肉指的是魯肉、月條肉、肉燥和滷豬腳等的統稱,敢稱鮮肉,那是從上菜市挑肉回家備醬開始、到講究炒功、燉滷火侯一氣呵成累積出的自信,同樣都是豬肉,但部位不同,打底上色用的滷汁都不同,那裡頭牽扯的是對細節精準的拿捏。親切的黃老闆脖子上總是掛著一條白毛巾,大粒汗小粒汗的在悶熱廚房裡忙前顧後,他一直牢記著父親以前說的,就算是颱風天,哪怕只有一個客人上門都要讓他有好的東西吃,這裡不只賣飯,賣得也是一份彎腰謙卑、世代交心的情感。

　　將台式庶民平價料理精緻化這件事上東坡一直在努力,從叫好叫座的各色鮮肉飯到幅員遼闊的碗碟小菜,菜板上的標價有些薄利得不可思議,花幾個銅板就能吃飽又吃巧,那是老闆用「賺一個工」的心情給予老客人最直接的感謝。古早味的月條肉飯是招牌,月條肉即豬的肝連、帶筋、口感極好但必須人工抓肥,去血水刮油脂後再燉滷,噴香下飯,但因為太費人工,市面上已屬稀有。粉蒸肉選用豬五花,蒸肉粉用米磨製,取其中的米香和Q感,好吃祕訣是要選五花偏肥的部位,出油後和米粉結合,讓香氣相互交疊,打開蒸籠,灑點蔥花,粉香肉鮮。百轉千迴的腸中腸也是巷仔內必點,豬小腸要鮮嫩脆口,要訣是前置必須耐性的用鹽去ㄋㄨㄟˋ、反覆翻面搓洗弄除黏液,小腸太滑溜會跑、沒有嫻熟手感很難一層一層的撐開再疊進去,外面賣得常塞得不**夠緊**,滷汁進不去腸子就會走苦。另外,菜檯子上的豆鼓石蚵、蛋黃肉、魚肚包料、豆腐鑲肉、滷秋刀魚、鳳梨豆醬吳郭等都是人氣暢旺不墜的小菜,排隊等著,其實每個人都早已心有所屬。

食材講究當令,同樣的排骨燉湯,夏有麻筍、冬配菜頭;夏天吃蛋黃肉,等到冬天白菜大出時,就改做獅子頭。

東坡鮮肉飯
苓雅區四維二路 110 之 2 號
(07)761-4085
08:00 - 20:00 (一個月休 2 天,公休日電洽)
高捷橘線 O7 文化中心站 2 號出口,往四維二路方向,步行約 10 分鐘。

022

前金

肉燥飯・魚鬆飯・
爆漿鴨蛋包

「前金」那只用陶鍋燉至滿室生香的滷肉燥，
是老一輩南高雄人、吃早餐的心頭好。

離愛河不遠、大同路底，創立於 1959 年，已飄香三代的「前
金肉燥飯」是老一輩南高雄人的心頭好。清晨七點，小店準
時開門接客，那只用陶鍋裝的滷肉燥滿室生香，配菜接棒上陣。屋
外騎樓下大夥剁剁切切、炒菜煎蛋熬湯，身著汗衫、頭綁止汗白巾
的老頭家個性十足，裡外指揮若定也捲袖幫忙張羅。除了菜做得用
心，父子二代也都和善關懷、交心待客，曾有客人半夜餓得受不了
想吃肉燥飯於是自己跑來敲店門，央求提早開門。

這的肉燥飯口味甘甜，碗裡還會看見香菜和魚鬆，吃法與先人的台
南背景有關，只取豬背肉來做肉燥、只帶豬皮和中段白油、不見
瘦肉，是最大特色。生肉仍採人工成丁、不假機器之手，口感
即毋須擔憂支離破碎；遵照傳統工序，剁好後先和醬水同滷，
再下自切自炸的油蔥酥同煮，過程長達 10 多小時，豬皮最終
釋放出豐厚膠質，讓整鍋肉燥油色飽滿芳香。自製的手工魚鬆
是碗裡另一亮點，拿虱目魚來做餡，魚買回來後先煮熟，續借
手勁把魚肉壓碎，調味後用小火慢慢翻焙 2 小時，直到水分被
完全收乾，靠著循環的鍋氣和不停的翻鬆，白色魚肉從最初的
濕黏漸漸轉化成金黃膨鬆。老客人都知道一定還要配個鴨蛋包，
油要夠熱蛋才下鍋，約莫數秒趁蛋白剛成形、即順勢翻面夾成飽滿
的半月型，半熟就起鍋。吃法係先將鴨蛋戳破讓蛋液和肉燥米飯徹
底交融，魚鬆提了肉燥香，少量香菜讓層次更顯分明，肉燥堪稱入
口即化，甜中帶鹹的風味，真是一試就中，也可另加肉絲。配菜的
油豆腐係買回來自炸自滷，口感滑嫩。再配碗爽揚的漿丸湯、蚵仔
湯或魚皮湯緩解油膩。清明結束下第一場雨之後開始賣的竹筍排骨
湯可一路安心喝到白露左右，冬天改菜頭排骨湯登場。

南部吃的肉燥飯在北部稱滷肉飯，而
南部有一整塊三層滷肉的叫滷肉飯，
北部則稱為焢肉飯，下南部吃飯時，
小心別點錯了。

前金肉燥飯
前金區大同二路 26 號
(07)272-7263
07:00 - 17:30（週一到週五）/ 07:00 - 14:00（週六、日提早賣完即休息）（週四公休）
高捷橘線 O4 市議會站 3 號出口，往大同二路方向，步行約 5 分鐘。

023 ＊

The F 勇氣廚房

台式燉飯・創意前菜・
紅心地瓜芙蕾

「勇氣廚房」看似無法定義的台式創意料理，
是對傳統台菜的浸濡，也巧妙融進西方視野。

座落在漢神巨蛋商圈靜謐小巷內的「勇氣廚房」，二個高餐同班同學，德俊主外，建達主內，正企圖以一種顛覆的概念來傳遞台式料理的氤氳菜香。建達待過寒舍艾美的西餐宴會廳，也去了宜蘭渡小月學習辦桌菜精髓，爾後執教 2 年、上海工作、新加坡得獎的經歷，讓這裡看似無法定義的台式料理，不僅實踐了成長背景中對台菜的浸濡，也巧妙融進了西方視野。然而這樣的抱負在起初未受市場檢驗前，頻遭眾人反對，取名勇氣，代表著兩人對夢想的放手一搏，菜單發想上建達恣意揮灑、天馬行空，德俊則本著挑剔味蕾，默默擔起守門員角色，在商業和理想之間換取平衡。

這裡的中式燉飯是一絕，改良了義式 Risotto 做法上台灣人吃不慣的半熟米口感，採 pre-cook 二次烹煮法，先放月桂葉和油水煮米 20 分鐘，關火後悶 10 分鐘，此時米心已熟透但米粒口感因為缺水仍偏硬，續下醬水煨煮，讓米粒吸水膨脹，但關鍵是不能開花，碎裂會讓澱粉四散、口感將大打折扣，此燉法能兼顧正統做法想要的紮實，但很講究工夫；選用的台梗九號米，最適合拿來和這種煮法結合，Q 彈度和黏性的表現都穩定，而每種燉飯都有不同的中式調醬對應。招牌爌肉臭豆腐燉飯用的醬係先將臭豆腐風乾切丁同辛香料入鍋炒，關鍵在於要熱鍋熱油但小火慢炒，米飯吸飽醬水後添了幽然氣味，配搭醇美爌肉，滋味甚好；烏魚子經高溫油炸脫膜去腥，和開陽、中藥材一起攪打成粉末入飯，配上用紹興和糖蒜處理過的烏魚子切片和太陽蛋，滋味撩人；或嗜嗜燉飯裡有辣炒小魚乾和五味醬的鹽酥章魚燉飯，或是用松露醬、老母雞上湯、蟹黃和干貝燉的黃悶飯。開胃菜的輕炙海魚沙拉搭上台法混合的油醋醬、勇氣泡菜、烘蛋披薩、以蒸代泡酒香四溢的紹興醉雞捲都值得一吃。

·附註：因主廚生涯規劃調整，於 2016 年結束營業。

奇幻旅程的最後一定要以一杯芙蕾作結，用純鮮奶去高速攪打，不管是紅心地瓜或蜂蜜檸檬口味，皆輕滑順腴，綿密香醇。

The F 勇氣廚房
左營區立信路 88 號

「黃家牛肉麵」選用當日現宰台灣牛，每天只賣四小時即打烊。

來到國民市場附近，日正當中的忠孝路和苓雅路交叉口，這裡有家被淹沒在成排招牌看板和攤販小傘下的麵店「黃家牛肉麵」，民國 69 年營業至今，店內進的肉貨主要選自台灣本土產牛肉，貨源係來自前鎮三和市場每日現殺的新鮮牛肉，相較於一般川味紅燒做法偏向濃油、赤醬、色重的呈現，這裡的正赤牛肉原汁湯麵就顯得清爽風雅。

　　湯吃分寬麵和細麵兩種，但如果不特別要求一般都是下細麵，整整熬煮八小時的湯頭表層早已不見油膩浮油，口感非常清潤甜美，開店前即先將熬煮好的熱湯置於店門前一大型壓力鍋內保溫，淡雅的中藥味隱隱飄香，湯頭不再加水重複燉煮，所以每天只賣四小時即打烊，從而造就了店裡永遠都是擠滿簇簇等食心憂的人頭。不若一般骰子型的塊狀呈現，這裡牛肉呈現不規則，足夠吸飽湯汁，也滋潤了肥美的油花，鮮嫩滑口，口味重的朋友一定要嘗試他們特製的辣椒醬，類似於麻醬的香氣和口感卻是純以辣椒製磨而成，既辣且麻，講究後勁，舀一匙散於碗中，湯水旋即天差地別。另外沙茶炒牛肉也好吃，肉片先調好味在小碗中醃漬，待客人點餐後甩鍋爆香快炒，丟把翠綠芥蘭，疊上燒滾勁韌的麵條拌炒數秒即可上桌，同樣台式呈現的還有蔥爆風味，肉片滑口吃進嘴中舒服極了。許多人來這不吃麵僅點盤炒肉配飯，再要碗菜湯即是迷人的一餐。人多亦可要份牛滷拼盤，大口享受吃肉喝湯的樂趣，這裡還有手工牛肉乾可買喔。

因為湯頭就只有固定那鍋，所以越晚到吃不到的風險就越高，老客人都知道最好 10 點多一開店馬上就來，湯美肉鮮，請帶著吃早午餐的心情來坐坐吧。

黃家牛肉麵

苓雅區忠孝二路 94 號
(07)330-4595
11:00 - 15:00（公休日電洽）
高捷紅線 R8 三多商圈站 6 號出口，往國民市場方向，步行約 15 分鐘。

姚家蘭州
雪紅辣雞拉麵

放眼高雄的麵店，論特色談口感，「姚家蘭州現拉麵店」都占著一席亮眼角色。

作為一個移民城市，放眼高雄，各系麵店悠悠鋪排，論特色談口感，「姚家蘭州現拉麵店」都占著一席亮眼角色；姚老闆在民國 81 年啓程赴大陸，在拉麵的原鄉蘭州進行修業，雖然行前已具備多年相關經驗，修練之旅看似游刃有餘，但過程仍是不停歇的練習，直到能精準拿捏使力巧勁；一轉眼，消磨了三個月的光陰，換來的是 30 餘年來滋味麵條的發光散熱，小麵館隱身街角，客人和口碑在歲月中得到累積。

手工拉麵賣得就是它的爽彈勁韌，若機器製作的，麵糰被制式硬壓，雖有了美麗切紋，但味道死氣沉沉，機械拉不出 Q 度，只要下水燙、熱度超過八分即缺陷畢露，姚老闆認真的說著。這的麵條全現點現拉，師傅接單後開始在工作檯上施展絕活，麵糰經歷桿、搗、壓、揉、伸、拉，之後反覆俐落的在手腕上回折再延展，最後在雙手上下抖動數回拉出雪白綿長的麵條，行雲流水間，確保了嬌貴麵條不會斷裂，粗細則任君點選。初始係以牛肉、豬腳、排骨等料襯麵，後來老闆在一偶然機會中吃到辣椒切肉，激發靈感，發現用朝天椒炒嫩雞，拌上雪裡紅後加到麵中滋味甚好，現在這道用雪裡紅辣雞拌的拉麵竟意外成爲店內最閃亮的招牌。不愛雪裡紅味道者，也可改拌白菜。千萬不要錯過這的小菜櫃，素雞、黃豆芽炒油豆腐、海唇菜拌白芝麻、豆皮拌黃瓜等，燙小芥蘭或枸杞菜，或滷花生，也都滋味無窮，小碟子裡的滋味又美又自信。

有許多人對於拉麵存在著偏執的熱愛，就愛它的筋道，就愛它的爽彈，細看麵條幾近透白的肌膚，已預告了一頓口涎留香的親密接觸。

姚家蘭州現拉麵店

新興區青年一路 176 巷 12 號
(07)223-2789
11:30 - 14:00 / 17:30 - 21:00（週四公休）
高捷紅線 R9 中央公園站 2 號出口，租賃公共腳踏車往小港方向，左轉青年路，約 10 分鐘可抵。

向已退役的老長官學做正統山西做法，
「余第一家刀削麵」口味也是第一。

要說老左營的眷村好食，從某種角度，裡頭牽扯著的是幾代人間的遙想與依念，走過劇烈變動過的戰亂春秋，吃，成了一種互相扶持出對家鄉的慰藉，日子總還是要過的。老闆余海水在民國 42 年隨國民政府從越南撤退來台，妻子人稱余媽媽，婚後，夫妻倆為了替孩子多掙點出路，於是向已退役的山西籍老長官學做正統刀削麵，本省籍的余媽媽笑著說，一開始她總都覺得自己像拿了顆大蘿蔔在削。民國 60 年，「余第一家刀削麵」正式在小巷租房前替麵館點燈，街坊有難向來都挺身幫忙的余媽媽，初期討活人力匱缺，大夥總捲袖自動過來幫忙洗菜備料，街坊孩子出遠門時，一定來店裡帶碗熱湯麵和幾碟滷菜上車，她深知這是最能遏止鄉愁的心頭藥。

光景飛梭，身體硬朗的余媽媽現在仍舊清晨四點就到店裡炒炸醬、滷牛肉湯，俐落的準備爽口小菜，還有那鎮店寶，刀削麵。他們的麵，製程步驟紮實不馬虎，削麵著重手感，力道施展如果巧妙，則飛落滾水的麵片薄厚一致、口感勁韌、滿口縈繞咀嚼後的淡淡麵香，再配一口他們醇美的紅燒牛腱肉湯；老北京風味炸醬麵，麵上澆淋用安徽老鄉正豆瓣醬拌炒絞肉和蒜泥的噴香炸醬，點綴花生、蘿蔔絲、甜豆仁、豆乾、黃瓜絲等五穀雜糧，鹹鮮充分入麵，一陣西哩呼嚕吃完，飽足。獨門的牛肉拌麵是另一大亮點，拌醬仿義式紅醬做法，但中式蔥薑料酒的高湯香巧妙融合其中，麵肉間拉出了立體層次，清雅之味讓人驚艷。想當年那些暗夜翻過高牆鬼祟溜來解饞的陸戰隊營兵、那些莘莘向學的左中人，返鄉後總還是會想帶著家人回來重溫年少那最美妙的記憶。

從小巷弄一路拓寬到筆直大氣的柏油馬路，這裡曾是海功路上最顯眼的地標，數十年如一日的味道，引領著曾在這當兵求學的人回家。

余 · 第一家刀削麵
左營區左營大路 611-1 號 (近菜公路口)
(07)582-3683
10:45 - 14:00 / 16:45 - 20:00 (週一公休)
高捷紅線 R16 左營高鐵站，租賃公共腳踏車前往，約 15 分鐘。

豫湘

涼麵・牛肉泡饃

老客人們總不耐久等，午餐時段還不到就迫不及待的上門，坐著吃一盤冰爽的涼麵，高雄的夏天再熱，都給解了。

沿著左營舊城門一路騎晃進慕義巷，
小本經營的「豫湘美食」就藏身在這。

從市中心來，過了左營果貿社區，沿著城峰路邊雄偉的舊城門一路騎晃進慕義巷的老眷區，小本經營的「豫湘美食」就藏身在這。老闆娘街坊暱稱戴媽媽，幼年時隨著退役後自請到六龜開墾的父親舉家搬遷，幫著父親操持農活，那時因為環境因素而愛上了香椿，初春，家裡會拿來鹽醃涼拌菜、雨季缺蔬菜就拿香椿來炒蛋，因此熟稔栽種植和烘焙，也有了後來做醬的淵源。從 70 年代初始的親友分送，做醬、做外省麵食，好口碑不斷擴散，後來終和女兒丈夫胼手讓小館子點燈。

這裡的涼麵吃來爽口，捨棄油麵改以手工的細拉麵取代，煮熟後不浸冷水，用邊拌香油邊吹電扇的方式讓麵降溫，保留了麵條的勁韌，素香椿涼麵的麵碼除了必備的紅黃綠三絲外，麻醬加了松子攪打聞起來很香，連同自製的香椿醬伴著吃，口味清新爽揚，其他外省口味涼麵也都好吃。而取代羅勒，僅用前三排最嫩的葉芽加松子浸橄欖油做出的青醬，拌麵拌豆腐炒飯都好吃。另外戴媽媽在多年前利用一次陪先生返鄉探親的機會，學會如何製作正統的陝西泡饃，泡饃有點像槓子頭，但口感沒有那麼硬，道地吃法有兩種，先叫上一碗湯頭鮮美的牛肉湯，然後把泡饃撕成一小塊小塊狀丟進去讓它吸飽肉湯，配著牛肉吃，要不，把整個泡饃從中間扒開夾進酸菜和湯裡的牛肉當成漢堡，另有一番滋味。也可以單買香椿醬和泡饃回家，做皮蛋豆腐，或在泡饃上塗抹醬料後進烤箱微烤，會有種吃到香蒜麵包的美妙錯覺。

豫湘美食
左營區城峰路 311 號
(07)588-2685 / 0933-310598
10:30 - 19:30（週一、二公休）
高捷紅線 R16 左營高鐵站，租賃公共腳踏車前往，約 20 分鐘。

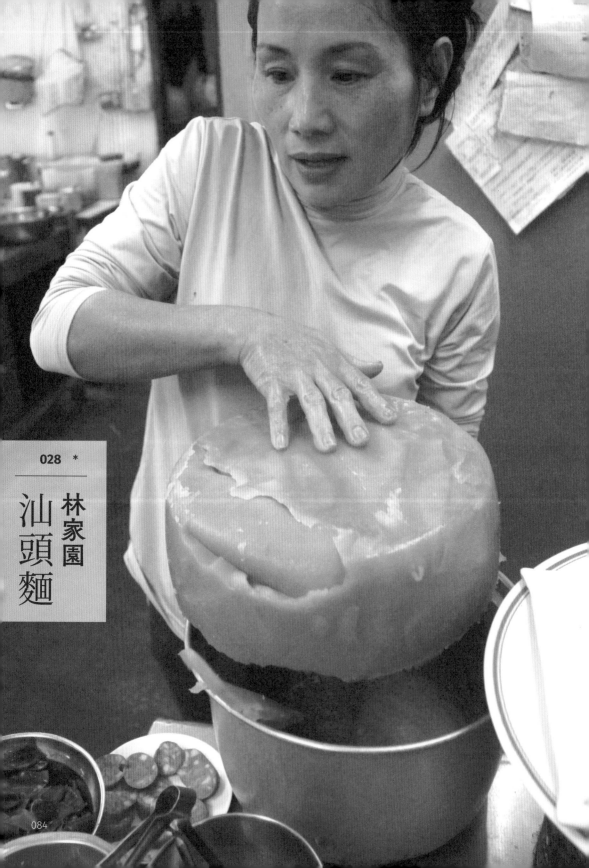

028　*

林家園

汕頭麵

除了美味食物，最享受的就是他們鬧中取靜的恬適氛圍，離愛河最熱鬧的部分以及自行車道僅僅幾步之遙，但外地人就是找不到。

避開了百家爭鳴的鹽埕埔，
「林家園」在綠川里找到屬於自己的小樂園。

遠離愛河鬧區和百家爭鳴的老鹽埕，來到建國橋另一端的綠川里小巷，這裡有家已開店 60 多年的汕頭小麵館「林家園麵店」。二代老闆娘的親切爽朗，就像她手中正拌攪的噴香麵條，俐落、有味，拉張小桌小椅，茱裡娓娓道出的故事盡是說不完的陳香。父親當年以潮汕風味的沙茶牛肉麵和手工牛肉丸子起家，跟著一個汕頭貿易商大家族落腳哈瑪星，爾後家族北移，父親遂留下開始在綠川里一帶挑擔賣麵。

汕頭麵條最大特色就是較台灣麵條來得薄Q，手工的外型呈不規則狀，較無麵粉味，雖和台灣乾麵吃法接近，但裡頭是不澆淋肉燥的，以豬油和油蔥為基底提味，再加上林家園家傳不滅火的噴香滷汁，裡頭透散著八角清幽的香氣，爽滑的麵條在熱氣未散前即飽吸醬汁精華，輔以豆菜、魚板和肉片的陪襯，樸實中卻口口都吃得到幸福的滋味。碗上那幾口讓人難忘的片削肉，需要慢滷三天才能完全入味，不斷的收汁讓原本軟爛的肉質變得緊實，入口時已看不到任何紋路。解夏小茱琳瑯滿目，私房的豬皮凍是老客人必推，費時費工全賴老闆的巧手製作，豬皮得先去毛去油，川燙後倒進滷汁，不厭其煩一層一層的堆疊直到最後呈晶凍狀，入口即化。每天早上至鳳山鴨場取新鮮鴨血現做的鴨血糕，滷到透爛的大腸頭，吃汕頭麵必配的骨仔肉湯，都是你來到這小巷後絕不能錯過的美味。

·附註：因店家私人因素，於 2021 年暫時停業中。

廣東汕頭林家園麵店
鼓山區綠川里河川街 30-40 號 (近河西路口)
(07)561-8620
17:00 - 24:00(公休日電洽)
高捷紅線 R11 高雄車站站，租賃腳踏車前往，約 15 分鐘。

029

阿財
雞絲麵・
太監雞切盤

待煮的蛋麵在攤頭堆得像座小山，太監雞乖乖躺在那等著被寵幸，阿財老闆快刀斬雞盤，味道和外貌，都很讚。

午後，帶著喝午茶閒適的心情去「阿財」吃麵，就毋須和他人爭搶座位。

通常選在下午 3 點前往「阿財雞絲麵」，帶著午茶閒適的心情，就毋須和他人爭搶座位，然後靜靜的、好好吃一下香濃滑溜的雞絲乾麵和鮮嫩的太監雞切盤。在這裡你吃不到太複雜的食物，食材和調味乍看好像一目了然，但一口下肚卻又有無窮滋味。簡單卻鮮美的祕訣，隱藏在老闆爽朗不羈的笑容和累積快一甲子的老經驗裡。

招牌的雞絲麵分湯乾兩味，麵體是由高筋麵粉混入雞蛋和鴨蛋，接著用品質最好的豬油油炸而成，有台機器專門製麵，在麵粉和蛋汁攪拌的過程裡，外層會有流動活水有效的控制麵體發酵和蛋汁濃度，出來的麵條香 Q、帶有韌性。雞絲選用太監雞的雞胸、手撕增添口感，

僅綴點簡單卻對味的茼蒿，上頭澆淋油蔥酥、蒜頭酥、扁魚、雞汁和兩味祖傳祕方；油蔥每年只在農曆 2 月和 10 月品質最好的季節做好一整年份，這樣看似簡單的麵卻不知已擄獲多少挑剔的味蕾。另一招牌太監雞，只嚴選在清明閹割、隔年天公生時宰殺的閹雞的大腿肉，是在自營的觀音山農場裡成長的放山雞，因此雞肉吃起來非常脆甜，肉質紮實沒有多餘油脂，配點嫩薑就很美味。切仔料和滷味堅持每天早上去採買食材、中午開始製作，受歡迎的豬腳筋和鴨舌頭先用乾鹽，後用水沖洗去除黏液，接著放十多樣中藥材下去滷到透，香脆彈牙的口感，拿來下酒再適合不過，老闆，啤酒兩手！

阿財雞絲麵
鹽埕區壽星街 11 號
(07)521-5151
12:00 - 22:00(週日公休)
高捷橘線 O2 鹽埕埔站 2 號出口，往七賢一路方向，步行約 10 分鐘。

030

中正菜市

無店名大腸麵線

多年來，和隔壁老夫妻的黑輪香腸攤共用騎樓下的位置攬客，客人左右開攻幾乎已成為常態，互相幫忙討賺生活，反映出了高雄人最善良的本性。

界臨中正市場邊緣的無店名大腸麵線，
總有人為了吃，按圖索驥而來。

走進復興路裡熙來攘往的中正早市，婆婆媽媽們頂著豔陽，正在聚精會神的和攤販的嘶吼叫賣聲周旋，往前走到復橫一路口，這裡已界臨市場邊緣，一隅的三角窗騎樓下，50 年來有對母女辛勤固守小攤，每天打窨麵線、認真備料，客人們喜歡暫時遠離爭奪的戰場，跑來這安靜的吃著屬於自己的那一碗，和他們閒話家常。

原本是在市場裡賣，後來才轉移陣地到這來，每天平均賣個四大鍋的工作量，幾十年下來，老闆娘依然身手如飛。老闆娘笑說，因為客人都在等那碗熱騰騰的麵線阿。看似簡單一碗，但細究每個前置環節後才知道完全不輕鬆，接棒的女兒說，肉條在前一晚手切後要先用祕方醃製過夜，然後裹粉去煮成肉羹，隔天清晨五點多就得起身去市場選挑新鮮的溫體豬腸，光是刮洗就超過兩小時，但因為地利之便，拿到的貨永遠都是最新鮮，這是東西好吃的關鍵。手工的紅麵線連同油蔥和蒜頭碎一起熬煮，吃起來軟而不爛，裡頭腸子是將大小腸剪碎後混在一起，又彈又脆，剛上桌的麵線襯了幾些碧綠的香菜，再點幾滴高雄在地的高興牌烏醋，滋味層疊上樓，常有熟客吃完仍不滿足，到市場繞轉完後又回過頭來外帶。

無店名大腸麵線
新興區開封路 65 號騎樓 (復橫一路口，旁邊是共用桌椅的烤香腸黑輪攤)
0960-508275
12:30 - 15:30 （假日營業到 14:00，公休日電洽）
高捷橘線 O6 信義國小站 4 號出口，往中正市場方向，步行約 8 分鐘。

031

阿萬
鹽水意麵

千百都不足形容的「阿萬」，
是最早期將鹽水意麵風味帶進高雄市內的店家。

三民老街裡小吃真的是臥虎藏龍，身為高雄小吃密集度最高的區域之一，晨起是菜市場，傍晚攤販撤離，街坊古早味小吃開始大舉出籠在暗夜裡飄香，數十年如一日。裡頭 60 多年老字號「阿萬鹽水意麵」，是高雄市內最早期將此鹽水小鎮風味帶進來的店家，創始人黃萬枝本身鹽水人出身，當年夫妻二人捨棄家鄉牛車事業來到高雄打拼，騎樓上方當時泛黃生鏽的招牌如今成了閃亮風景。

店內擺設很簡單，意麵分湯吃、乾拌、入羹三種吃法，生的意麵每天清晨六點手工桿製，意麵在搓揉之初摻進了鴨蛋攪拌，鴨蛋飽和的質量和密實的厚度讓麵條軟韌彈口，散發出濃烈香氣。外觀是粗扁的波浪形，裡頭簡單拌了肉燥、豆菜和瘦豬肉片，相較於最初在鹽水鎮僅澆淋豬油的吃法，現在已華麗許多。這裡的肉燥不加肥肉，調味清爽，和鹽水的意麵拌攪後口感相輔相成，樣式簡單卻誘人。另外，菜單中的隱形項目：肉羹，羹湯用了大骨熬煮，特選豬後腿肉裹上自家手打的薄魚漿入湯，肉條細緻滑口，加進了筍絲和蛋絲，味道爽甜、不因勾芡而生膩，和意麵搭著吃，絕配。攤子前家族成員們來來回回忙著盛羹端麵，旁邊就堆著整袋整袋的生意麵等著滾水入鍋，只看著老闆忙碌的過水撈麵，從早到晚，汗水涔涔，雙腿綁上的護膝是數十年辛勞賣麵的見證。麵條每日限量，外帶食客們都乖乖的在旁邊靜心等待著自己的那碗，而如果不趕時間就到店旁邊廟亭找張長桌坐下，廟亭內香煙裊裊，禮完佛祖，掃除塵礙，靜靜也好好的吃碗麵。

客人一直來，麵一直下，筷子一直拌，羹一直舀，清香一直燒，美好時光也就這麼一直流過。

阿萬鹽水意麵
三民區三民街 184 號
(07)231-3207
15:30 - 21:30（公休日電洽）
高捷紅線 R11 高雄車站 1 號出口 或 橘線 O4 市議會站 1 號出口，往三民街方向，步行約 15 分鐘。

032

三民街老麵攤

豆菜豬肉油蔥拌麵・
豬肺切・骨仔肉湯

麵攤從未動心起名，
但憑著簡單幾道台式晚食的家常之味，
已強韌的走過三代。

在競爭激烈的三民廟街上，哄哄鬧鬧的果菜早市攤販們差不多在下午二點左右即陸續退場，接著臥虎藏龍的小吃攤車開門進駐，幾十年摸索出的做事節奏，街坊上的前置氣氛顯得淡定從容，離中華路這端入口不遠處，約莫每天下午三點，總會有輛很老派的賣麵推車停妥在暗巷邊、推車上放著一個老派鑲木邊的滷菜櫃、櫃子旁的手正表演著老派燙麵切料的手技、理料的人甚至梳著老派復古的髮型，一甲子走來，時間彷彿靜滯般，縱使麵攤從未動心起名，老派也看早已不合時宜，但攤頭幾道台式晚食的家常之味，依然被深深的喜歡著，強韌的走過三代。

當年父親白手起家用這充滿滋味的豆菜豬肉油蔥拌麵養活五姊妹，老闆娘接下棒子後，和丈夫及大姑繼續守護著麵攤，拿來拌麵的油蔥醬汁、金黃剔透，每天自己榨豬油、炒蔥頭，整甕撲鼻噴香的油水是讓乾拌麵好吃的最關鍵，當麵條一離開滾燙爐水，老闆娘隨即利索的拿長筷和汁攪麵、再鋪上豆菜和肉片。懂吃的老客人們，一定趁著燙麵空檔，把頭探進菜櫃子邊細細挑選準備要黑白切的滷料，食材有賴夫妻倆每天費時滷製，特別是晚來就吃不到的豬肺切，處理到極鮮嫩滑口，蘸醬油膏配薑絲是基本款，內行人就會跟老闆娘要點蒜蓉再點些白醋，滋味絕妙。隔壁阿桑和麵攤感情好，常利用閒暇過來幫忙把整籃大骨肉尻下燉湯，吃完麵，再來碗碎肉浮沉的骨仔肉湯，好簡單，卻好滿足。老闆娘迎人的笑臉總不時被陣陣燙麵菜揚炊的清煙給覆蓋，一旁盆子裡盛滿清水，裡頭插滿青白二色的豆芽和韭菜，嬌嬌滴滴，棚架下滿溢暖熱人情笑語，如此緩慢的吃喝與悠開，在城市裡已不多見。

精緻的碗碟，細巧的盤飾，味覺以外老闆不吝惜的留給客人所有溫柔的用心，天馬行空的創意從食堂的白天到深夜。

· 附註：幾年前起了店名「三民街老麵攤」。

三民街老麵攤（創始老店，原無店名古早味麵攤）

三民區三民街 132 號
0906-109066
16:00 - 00:00（農曆十七公休）
高捷紅線 R11 高雄車站 1 號出口 或 橘線 O4 市議會站 4 號出口，往三民街方向，步行約 15 分鐘。

033

道地
蔥油餅・韭菜盒子・豬肉餡餅

從市區穿越地下道過來找「道地蔥油餅」吃，
認得就是招牌上那幾個大紅字。

「道」地蔥油餅，它是果貿社區內的老字號麵食
小舖，經營了 30 多年，裡頭飄的是最原汁
的山東味。時代巨輪把各省風味帶進台灣，轉瞬，在這
島上交融生花，平易近人的蔥油餅可謂其中代表。現點
現煎、即走即吃、咬上一口滋滋作響的香脆餅皮、滿嘴
沁煙，蔥甜心也甜。然花俏吃法碰多了，最樸素的家常
做法反而最讓人想念，終歸，這要求皮薄蔥潤的紮實手
藝還是一切根本，是不能不講究的。

道地位在果貿一棟外的圓環旁，從市區穿越地下道
過來，招牌上的幾個大紅字極好辨認；這裡賣得全是道
地北方麵食，有蔥油餅、韭菜盒、豬肉餡餅等，整間店
鎮日瀰漫香氣。和好的麵糰丟上長型工作檯，幾個師
傅脖子擱著白毛巾，一字排開，使勁的推揉，被按摩
過的麵糰必須輕壓還能回彈，這樣煎出的口感才筋道；
桿開、灑鹽、翠綠油亮的蔥花整碗整碗的鋪上，層次
來自由內而外的螺旋繞，繞裹好的麵糰要冰藏 10 分
鐘，這是蔥餅酥脆、餅和餡能充分交融的關鍵，剛煎
好，餅皮層層疊疊，混著蔥碎交疊出口感。這裡的韭菜
盒子是在輕薄的皮衣裡穿進了滿爆的餡料，除了冬粉和
韭菜，還加了豆腐和蛋皮，手工攪拌，（機器會被菜料
拌到碎爛），香煎幾分鐘就起鍋，一口咬下滿嘴麵香菜
料香，如果是喜歡吃肉的，會爆漿的餡餅，表現同樣道
地、討喜。

老闆娘的直率爽朗起了帶頭作
用，在這裡，從工作流程到工
作時的氣氛，都是一派的歡樂和
諧，難怪餅好吃。

道地蔥油餅
左營區中華一路 1 之 2 號 (果貿一棟外圍)
(07)582-3699
11:00-12:30 / 15:00-17:00 （週日公休，其餘公休日店內小板子彈性公告）
高捷紅線 R16 左營高鐵站，租賃公共腳踏車前往，約 20 分鐘。

「鍋貼王」這款醉人心脾的鍋貼，
謂之為王，當之無愧。

辛亥路上這款醉人心脾的鍋貼，是「鍋中傳奇 鍋貼王」的招牌。謂之為王，除了是對滋味的盛讚，老闆本姓王，兩相加總因而有了這般戲玩文字的趣味。鍋貼二字本身即是一種無比生動的形容，好吃的鍋貼，不會讓客人在食道殘留去不掉的油膩感，這裡的鍋貼不僅克服了這問題，甚至連冷了都好吃，箇中關竅乃是老闆好久以前向一位大娘討教而得的私房手藝。

　　肉餡選用的是俗稱呷心肉的豬前腿，剔好筋膜、1 比 3 的肥瘦比例、將高麗菜仔細打碎出水，樣樣都是細節，這樣出來的口感才能讓人滿意。鍋貼包好先送冷凍讓肉汁封藏，關鍵是要套上一層塑膠套，避免麵皮水分流失，油煎起鍋前還要再輕刷上一層油，已阻絕水氣麵皮才不走糊，鍋氣蒸騰出晶瑩的雪花，一口咬下彈 Q 的外皮，順口餡料不斷韻生著芬芳醇厚的鮮肉香。私房的還有泡餅、紅油炒手和貓耳朵，是傳統眷村家庭的餐桌家常，用乾烙烙成條狀的蓬鬆餅皮取代麵條，貓耳朵則是把麵糰切成一個個小箕子，後靠拇指帶出的手勁按壓出漂亮的貓耳形，與菜料同吃。還有還有，那用了花生碎和麻醬入辣油的炒手，上頭還鋪了層銀芽，滋味又新奇又美妙。

坐鎮店中的王老闆，煎鍋貼時表情又酷又帥，他們的鍋貼真是討人厭的壞東西，讓人冷了也想吃，過了用餐時段也想吃。

鍋中傳奇 鍋貼王

左營區辛亥路 184 號（總店）／前鎮區公正路 181 號（公正店）
(07)559-0138 / 761-0189
11:00-14:30、16:00-20:40（總店）/ 11:00-15:00、16:00-21:00（公正店）（公休日電洽）
高捷紅線 R14 巨蛋站 2 號出口，沿裕誠路往自由路方向，步行約 10 分鐘（總店）/
高雄輕軌 C1 籬仔內站，步行約 8 分鐘（公正店）

035

楊寶寶

蒸餃・
豬肉捲餅

被老闆像孩子般呵護的「楊寶寶蒸餃」，
在楠都市場的照顧下茁壯長大。

開店已邁入 30 年的「楊寶寶蒸餃」，楊老闆原出身澎湖，年輕時在台北的外省館子修業，奠定了麵食製作的根基，那時他常趁休息時間偷跑去別的師傅那請教手藝，後來輾轉到岡山當兵，結識了本是高雄人的老闆娘，最後為愛在楠梓落腳生根。剛開始，在楠都市場裡拿了個小位置，賣賣鍋貼、蒸餃和濃湯，老闆回憶，在那個年代，當地人很少接觸麵食點心，所以一開始生意起不來；後來在學生間先打出了口碑，攤頭 11 年下來，從三張小桌慢慢拓出兩家店的規模，當時學生們熱心協助製作手寫扛棒，取名「楊寶寶」，老闆說因為當時身上沒有房子車子只有餃子，他傾全心的在呵護這家店，就像自己的孩子。

招牌的蒸餃，以牛豬混白韭菜和蔥花入餡，溫體肉餡加入以大骨為底的私房高湯。蒸餃最怕的就是蒸炊完麵皮會走塌走糊，這裡使用的是 Q 度好、粉心紮實的高筋麵粉，揉麵的手勁與時間的掌控是餃子能耐大火蒸的關鍵，店員捧著高如小山的蒸籠分送各桌，籠子裡沁出白煙，皮透餡豐，一口咬下小心爆出的湯汁燙嘴。豬肉捲餅更是超人氣，選用的不是三層而是帶筋的豬腱子，滷上個一小時，捨棄一般捲餅刷抹的甜麵醬，改用滷好肉的滷汁打底，加入祕方，打造出甜鹹風味的私房醬汁，在剛煎好的麵餅刷上幾刷，疊進滿滿蔥絲和片好的豬腱肉，捲好，下刀俐落的切成四等份，醬汁從剖面滲出，酥脆的捲餅和滷肉互不搶味，趁熱。不然，縈繞一窩絲麵粉香氣，層層金黃分明的烙餅也值得一試，配上幾盅他們爽揚的清燉肉湯。

店門才一開，客人們就開始瘋狂湧入占位子，你一定要瞧瞧廚房內那包餡的壯觀場面，像部史詩電影，從市區奔波而來的遠距根本不是問題。

楊寶寶蒸餃（總店）

楠梓區朝明路 106 號
(07)351-6600
11:00 - 01:00
楠梓火車站出站後走建楠路右轉楠梓新路，遇朝明路左轉，步行約 10 分鐘；
高捷紅線 R21 都會公園站，租賃腳踏車前往，約 20 分鐘。

老闆娘是道地上海姑娘，
最初因爲思鄉遂和老闆催生出「上海生煎湯包」。

這皮薄肉鮮汁多的圓呼呼玩意兒，台灣原本可沒有。
上海人喚它「生煎饅頭」，可說是最能代表上海
市井風味的小吃之一；饅頭就是我們這裡稱呼有夾肉餡
的包子，大小皆是。老闆娘兀文瑋是道地上海姑娘，最
初因爲思鄉之故，遂和老闆施教滌商量，將家鄉美味帶進
高雄，卻沒想到因此催生出了吃生煎的旋風，至今不墜。

　　他們的生煎之所以吸引人，除了重現了上海的原味，
主要還是處處對於細節的維護與講究。考量了台灣靠海
海濕的氣候，麵糰不再恪守老家一斤麵粉半斤水的死
規定，隨時依著溫度和水氣的變化做調整，因此醒好
的麵糰，老闆娘堅持只能用二到三小時，那是口感和
彈性最好的時候。肉餡選用的是當天現宰溫體豬的後腿
肉塊，老闆堅持肉要親自拌攪，肥瘦的比例拿捏才能完
美。另外皮肉凍則是吃完包子不會產生噁膩感的關鍵，
必須前一晚即以小火慢慢的燉熬，期間必須耐心的濾掉
雜質數次，直到僅留富含膠原的肉汁，因此他們的包子
趁熱一口咬下，鮮甜不油膩的肉汁會在口中迅速噴濺，
那是就算被燙到也甘心的滿足。捨棄了便利的大鐵爐，
改用三個小平底鍋，聽聲音按大中小火不同機動性換鍋
油煎，務必最後送出的每個生煎都是飽滿圓潤，底層都
帶上金黃焦酥的美麗螺旋花紋。一定要配解膩的油豆腐
細粉湯，裡頭招牌的百頁豆腐夾肉捲，腐皮是指定從台
中某老店進貨的，夾著肉吃味道十足搭配。喝口用豬大
骨、柴魚和蝦塊燉熬出清爽甘甜的湯頭，一口包子一口
湯，在這裡你也能擁有濃濃的上海味兒。

你可以想像，上海人熱愛吃生煎
的程度就像台灣隨處可見的水煎
包，外觀乍看狀似雙胞胎，但說
到內在和個性，卻是各有各的路
想走。

上海生煎湯包
三民區熱河一街 208 號
(07)322-0702
11:30 - 14:30 / 15:30 - 20:00(週六公休)
高捷紅線 R12 後驛站 2 號出口，沿博愛一路接熱河街，步行約 15 分鐘。

037
　青島
外省餃子

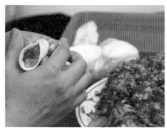

看著餃子外皮留下深淺不一的手捏痕，有種沒來由的安心，餃子上桌口味是混在一起的，從透出的色澤去辨認，但失手卻充滿驚喜快感。

「青島」，一間從棒球場退到靜巷內，
再從餐桌上紅到網路上的餃子館。

走進店內，門口的鍋爐水正滾熱著，位在遠離市中心仁武區寧靜小社區內的「青島餃子」，不知為什麼的，還不到中午用餐時段，裡頭已坐滿許多衣著正式的小資白領，他們呼朋引伴，揀到座位後，餃子都是上百個豪氣的在點，晚到，等待變成正常。看著凡事親力親為的老闆，你可能會覺得眼熟，他是前三商虎的一壘手陳正中，退下來後接下家裡棒子，賣起外省風味的北方水餃。過去曾在球場上叱吒風雲，他說，包餃子就像擊球，精準來自於勤奮的練習，如今，滿場的歡呼聲轉化成滿座稀哩呼嚕的吞食聲，他將棒球美學發揮到極致。

餃子餡多達十種以上的口味，但人力有限，並不是每天都吃得到所有口味；店開門，你必須和網民爭搶，他們會先按現有口味掛小牌，賣完，牌子就撤下，老客人吃久了就懂得先撥通電話來詢問。這裡沒有吃習慣的台式高麗菜肉餡，因為高麗菜是很南方的餡料；拿台糖後腿肉按肥瘦比例作餡，肉質鮮、黏性佳，剩下的就是如何和蔬菜組合發揮。芸豆即四季豆，稍為蒸炊一下豆子會變甜，讓豆汁滲進肉餡裡；芹菜口味，肉餡中還帶點纖維咬感和芹菜特有的香氣；韭菜蝦仁則是騰進完整的蝦仁，帶點蝦皮鹹甜的南瓜、玉米豬肉、蔥肉餃子也都好吃，隱藏版的茴香餃子是季節限定，竹筍餃子則根本不在掛牌上，拿得到白河鎮的有機椿龍筍時才做。這裡的餃子是放涼後皮越透韌越好吃，吃原味，不必再加醬。

青島餃子專賣店

仁武區八卦村八德南路 100 巷 65 號
(07)372-5656
11:30 - 13:50 / 17:00 - 19:50（週四、週日公休）
不近任何捷運站，開車或騎車前往為佳。

「祥鈺樓」，隱身在市區中的江浙館子，
備有玲瓏小點，也得精緻大菜。

創立約莫 35 年的「祥鈺樓」，是間隱身在熱鬧三多
商圈裡的外省館子，賣的是傳統、原汁原味的江
浙菜，接手父親事業的朱老闆本身即是蘇州人，早年，
老一輩人如果講到 369 號上海點心店，就會想到蘇杭滬
上的點心。父親在空軍新生社裡的美軍俱樂部管理餐廳，
耳濡目染，現在如果上祥鈺樓，你必定看得到西裝筆挺
的朱老闆，事必躬親在櫃檯處理所有客人的需求，有時
拿小 mic 廣播廚房加菜、有時進包廂噓寒問暖，一派早
期仕紳的優雅與面面俱到。

　　江浙菜講的是濃油赤醬四個字，這裡的菜餚道道精
緻大氣，宴客絕對體面，但你一定很難想像有許多人是
專程為了他們爆汁的蔥油餅以及餐後免費招待客人的炸
元宵而來。有別於一般蔥油餅，蔥花附著麵餅上星星
點點的交錯，這的比較像蔥餅，蔥餡多到像不用錢一
樣；用中筋麵粉桿的麵皮，加入少許發粉、佐點麻油，
以水發麵後要經過冷藏，後透過師傅以手揉出勁道；
生蔥先切成蔥珠，拌點鹽花讓水分走掉一些。點菜單
跑進廚房後，師傅才開始俐落鋪灑飽滿油亮的蔥餡，
巧手塑形；待油溫升上來了，下鍋半煎半炸，放上菜板
一刀切下，酥脆聲響亮，廚房裡老師傅們臥虎藏龍，各
司一區料理大菜，唯這小點心也擁有自己專屬的區域，
其受歡迎程度可見一斑。而炸元宵其實就是夾芝麻餡的
炸糯米糰子，芝麻經燒乾、炒熱、磨碎，拌入豬油和糖，
香潤不膩，油炸過程必須用勺子不斷微壓元宵擠出空氣，
芝麻餡才不會因爆裂而流散；同餡料也拿來做蘇州茶點
芝麻酥餅給客人當伴手，常常是供不應求。

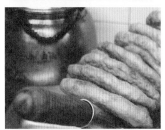

負責製作的王師傅原是圓山大
廚，十多年來始終以最謹慎的態
度來對待蔥油餅，別的先不說，
光是聽到拿大刀對半切下噗滋的
脆爽聲，心花就朵朵笑了。

祥鈺樓 江浙餐廳

苓雅區三多四路 85 號 2 樓
(07)332- 6788
11:30 - 14:00 / 17:30 - 21:00 (公休日電洽)
高捷紅線 R8 三多商圈站 1 號出口，往 85 大樓方向，步行約 5 分鐘。

039

滷肉圓

三塊厝肉圓嫂

第四代小老闆是個超級型男,你很難把他的紮實手藝和時髦外表一起聯想。可能是因為認真對待自己工作的關係吧,所以舀肉圓時看起來很帥。

滷汁是關鍵,先蒸後滷的程序,讓「三塊厝」的肉圓堆疊出華麗的口感。

「三塊厝肉圓嫂」從民國 48 年挑扁擔沿街叫賣的歲月裡一路走來,縱使今日已有個能讓人安穩坐下來吃喝的店面,店址仍是選在發跡的三塊厝周圍,持續叫賣著這味讓人一吃忘不了的滷肉圓。他們的東西很單純,就是吃肉圓配魚丸或貢丸湯,已傳承到第四代小夫妻,但手裡仍謹慎捧著當初肉圓嫂傳下的好味道。

他們的內餡不用一般常見零碎的絞肉末,而是切出長約 3 公分厚 1 公分的胛心肉肉片,肥瘦相間,點綴些許蔥頭、肉燥和特製醬油去拌炒,後放進祖傳湯汁中續滷至入味,接著外層沾裹米漿直到定型。捨棄一般油炸的做法,放入蒸籠蒸炊至熟後,再放入滷汁中浸泡一段時間讓皮吸飽滷汁。滷汁是這頓飯的最關鍵,利用剛剛炒熟肉片殘留的肉汁加入祖傳中藥包和香料,入陶甕滷一小時。肉圓因為先蒸後滷,堆疊出了飽滿華麗的口感,入口當下已不需再有其他多餘的沾醬;外皮緊實彈 Q,呈現的是晶瑩飽和的亮褐色,肉塊香醇軟嫩,至少要吃三粒不然對不起自己。懂吃的老客人,在吃完肉圓後,會把碗中剩餘肉片和滷汁加入丸子湯一口下肚。魚丸選用新鮮狗母魚製作,湯則是用豬大骨熬煮數小時而成,來這吃完很難不愛上那奇妙的滋味。

三塊厝肉圓嫂
楠梓區興楠路 147 號
(07)358-2399
06:30 - 17:00(賣完即休息,公休日電洽)
高捷紅線 R11 高雄車站站 1 號出口,往三鳳中街方向,步行約 10 分鐘。

040

清溪小吃部

鮮肉湯圓・沙蝦丸

吃一口「清溪小吃部」的鮮肉湯圓和沙蝦丸，
等於吃下整肚子的圓圓滿滿。

民國 38 年，從一個賣甜湯圓和冰品的小攤子慢慢做起，70 年的光陰如梭，途中經歷湯圓由甜變鹹的探索轉型，三鳳中街的樣貌不知也跟著變換幾回了，唯一不變的，就是那位於中街仔巷子深處，仍不停傳香的鮮肉湯圓。探訪當天才知道，第一代老闆娘縱使年事已高，仍每天到店裡親手包著那被人傳頌的圓滾滾白玉糯子，很多老顧客吃到都變老朋友了，言談間盡是對於濃厚人情味的依戀。他們的鹹湯圓每顆差不多就是一口大小，是正統鹿港口味，外皮彈 Q 的祕訣是在長糯米中要加些許的在來米去磨，煮完皮才不會又糊又爛。豬肉內餡請熟識肉販留下最好的無筋胛心肉，每天現買現做，絞成肉泥後加入紅蔥頭和香料，純手工包出一顆顆不規則狀飽滿的圓仔後，隨即冷凍起來，隔天煮口感才會好。

此外他們的蝦丸湯也是超好吃，每天選購不過夜、東港急送的旗魚漿和沙蝦，咬下去清脆的響音全賴拍打的經驗，不摻硼砂入口盡是滿滿新鮮海味，和湯圓一樣是宅配的人氣商品。搭配米糕和超豐富的切仔料，既吃飽也吃巧，有人還專程從美國回來吃呢！特別是趕在農曆歲末前來趟三鳳中街，感受採買年貨的當下，大口吃下整肚子圓圓滿滿，與家人一起納福迎春。

兩側店鄰居要不賣乾貨就是賣糖果，獨獨他們與眾不同，頭髮斑白的頭家嬤笑容可掬的招呼著老主顧，一頁小吃人生。

清溪小吃部
三民區三鳳中街 80 之 1 號
(07)286-7767
11:30 - 20:00（週日公休）
高捷紅線 R11 高雄車站站 1 號出口，往三鳳中街方向，步行約 10 分鐘。

041

阿進
米粉湯

客人用過的筷子，洗好後放進竹
籠蓋上砂網讓陽光自然的烘乾，
連店裡配麵的冷飲都是古早味，
整體氛圍一氣呵成。

從路邊擺切仔擔喊賣開始，
長年來「阿進」的米粉湯和切仔麵一直頗受高雄人垂青。

米粉，同樣是台式小吃裡一道耀眼風景，從炒料到下湯、乾吃湯吃皆風味無窮。將稻米榨成粉絲而食，粗細不同，口感也跟著產生微妙變化；位在鹽埕區瀨南街上的「阿進」，他們的米粉湯即頗受垂青。民國 43 年創始人陳進離開故鄉來高雄討生活，一開始推著木頭攤車在路邊擺切仔擔喊賣，米粉湯的好滋味在來鹽埕看戲的客人間傳開，生意好時還需要出動全家幫忙，後來開了店，古早風味得到長久延續，客人更是絡繹不絕。

他們的米粉湯好吃在於湯頭很清甜，不加肉燥，僅以油蔥酥和香菜提味，蒜頭酥和蔥仔酥都是由第二代老闆娘親自油炸，炸出的香潤油脂在豬大骨熬製的湯頭裡芬芳散開，畫龍點睛；米粉的 Q 度和粗細皆好，汆燙後，不走糊、依

舊絲絲分明，綴點了豬肉片，簡單、卻有滋有味，切仔麵也是。配碗同樣叫座的肉羹湯，鮮美的肉條經過拍打，筋膜悉數切斷，口感緊實；羹湯淡雅，縈繞筍絲的鮮甜，配米粉吃，剛好。此外各式切仔料處理好後置於大鐵盤上，豬肺、肝連、生腸、管頭、咽管、豬牙齦等，一些已少見、處理起來費工的黑白切，這裡都吃得到。為確保食材鮮度，切料每天分三批處理，檯前蒸氣呼呼的吹，切料被溫暖得鮮美誘人，好吃極了。

阿進切仔麵
鹽埕區瀨南街 148 號
(07)521-1028
09:00 - 20:00（公休日電洽）
高捷橘線 O2 鹽埕埔站 2 或 3 號出口，沿新樂街，步行約 5 分鐘。

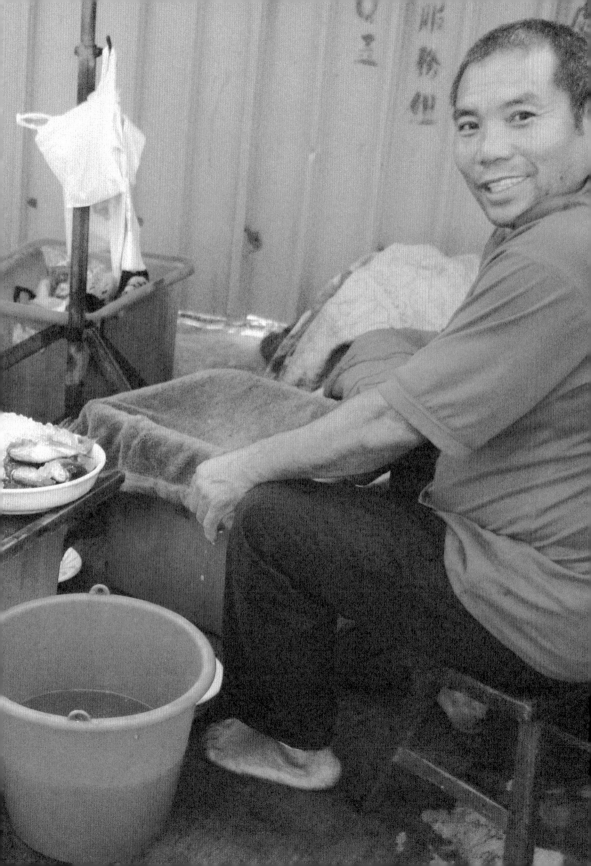

「小林」的魚肚丸，
一咬開，爆漿的肚肉隱隱約約，
入口即化。

古早味，套進現代食物里程的概念，有時候除了是對父執輩那代食飲的童心嚮往，還有就是那份味蕾對返樸的渴望。六合路上近大統和平店這邊，有間開業已逾30年的「小林雞肉飯」，店中爽朗清揚的魚肚丸湯，和油煎噴香的煎虱目魚腸、白斬雞，一直都是在地人邀約普羅聚會時，下酒菜的首選小店。

先來說說招牌的湯品，以新鮮的虱目魚各部位來下湯，虱目魚透早現宰現殺挑刺後送進店中，做丸子前，魚肚還得再次的將尾端的雜肉去掉以維持口感，切塊後每天現包進新鮮魚漿中，每天按賣出的量多寡，現包現煮二到三輪的量，不過夜。高湯係用魚骨和魚筋去熬，魚肚丸子鮮口彈脆，飽滿肥美的肚肉膠黏其中，隱隱約約，入口即化，那是最正統的古早南部吃法；魚皮湯則是將肉刺皆挑除後，加入祖傳秘方調味，夾在魚漿中間做餡心，口感爽彈；魚皮處理得當不走腥，湯頭清爽鮮美，也有客人喜歡買回家自己乾煎來吃。另外，他們噴香的雞肉飯和白斬風味雞切盤也好吃，選自屏東山區的放山雞，雞肉勁韌不軟爛，雞肉飯淋了雞油和蔥仔酥，吃飯喝湯，滋味無窮，如果叫了冰涼的啤酒，那就一定要來盤古早味的煎魚肚魚腸陪襯，雖僅僅是抹鹽乾煎，襯點薑絲提味，但這帶點鹹香焦酥的口感，輔以暢快舉杯的酒歡時光，可是許多人共同擁有的食飲記憶。

處理起這老外口中親暱的牛奶魚，老闆下刀豪邁，每塊肚肉滿到好像裹漿時都不用去計較成本與分寸，雪白的丸子表層緊貼著一層鮮嫩魚皮。

小林雞肉飯（創始老店）

新興區六合路 47 號

(07)224-7934

09:30 - 14:00 / 16:30 - 20:00（多休週日，確切日期會公告在店內小板子）

高捷橘線 O7 文化中心站 4 號出口，往大統和平店方向，步行約 15 分鐘。

靠海吃海的成長背景，
讓「施家」練就出了
祖傳料理魠魠魚的身手。

下午四點不到，位在民主橫路和六合二路口的小攤頭「施家魠魠魚焿」已開始竄出熱油煮羹的徐徐清煙，油鍋旁，一大盆用塑膠布蓋著、已去好骨的鮮美魚塊在夕陽下閃亮著，只見施老闆俐落的舀起一碗蕃薯粉往魚塊上灑，用輕柔的手勁滾動魚肉幫它們按摩後，等油溫夠了，即馬上往鍋裡頭送，當熱油碰到了魚塊，表層肉汁發出帕滋帕滋脆耳的聲響時，午後的六合路上已四散出飽郁的肉香。

站在旁邊等待著的悉數是老主顧，從老頭家嬤在此擺攤兜賣開始算算也已過了一甲子時光，施老闆一家原是台南縣將軍鄉人，靠海吃海的成長背景，讓他們練就出了祖傳料理魠魠魚的身手，結婚後將媽媽的攤子承接下來，賣起這款遵循台南古法製作的好料，叫好叫座三十餘載，至今仍在六合夜市內傳頌飄香。入冬這段時間是吃魠魠魚的最好季節，相較於老南部人喜歡抹鹽油煎，亦或者騰幾塊板豆腐，將嫩薑清蒜切絲，點上醬油燒成爽揚魚湯的吃法，拿現炸好的香酥魚塊入羹，別有另一番甜美滋味。施家加了大白菜的羹湯係用扁魚熬煮，不用柴魚也不加五香，柴魚味腥、五香味重，都會蓋掉魚肉的清甜；而魚羹點的黑醋是採用純米釀造的古老五印醋，五印的發酵期夠久，酸度香氣俱足，還有淡淡酒味，配著魚肉入口味道甚好。

幫魚塊按摩的感覺很奇妙，因為魚肉嬌弱，禁不起過份猛烈的按壓，明明不是美人魚，但可以接受它的公主病。

施家魠魠魚焿
新興區六合二路 16 號 (民主橫路路口)
(07)285-5057
16:00 - 01:00(公休日電洽)
高捷紅線 R10/ 橘線 O5 美麗島站 11 號出口，左轉六合夜市，步行約 1 分鐘。

跟著幽巷裡的晃蕩步伐，
走進「阿標」店內，
為那盤滋味曼妙的燙魷魚切仔盤短暫停留。

沿著大仁路走，路兩旁的巷子內小吃臥虎藏龍，拐進 156 巷裡，一條尋常的巷道幽長的往盡頭延伸而去，跟著早起悠悠晃蕩老人家的步伐，停在不起眼的「阿標切仔料」店門前，幾籃待洗的地瓜葉放在老階上透氣，老闆娘忙碌的張羅著，燙料滾麵的湯水開始沁煙，老人家隨性的坐下來開始和阿標老闆話家常，等著吃上一碗暖心的米粉湯，還有那滋味曼妙的燙魷魚切仔盤。

切仔料其實琳瑯滿目，但泰半的老客人都是為了魷魚而來；選自三鳳中街仔上好的魷魚乾貨，一般是用蘇打水浸泡把魷魚發起來，但這裡則改用鹼粉水來發，耗時超過 10 個小時，優點是魷魚膨脹後的賣相更好，也更能保持住肉質的原色。沾醬則是另一個關鍵；捨棄唾手可調用醬油加芥末的吃法，店內小檯上放置了兩甕醬料，客人吃之前，老闆娘會親自調醬，那牽涉到比例，比例影響口感，用味噌、麥芽糖蜜、醬油、甘草、白醋、香油、土雞高湯等混製而成的調醬很野，再騰上幾匙薑泥，現燙的魷魚肉咬勁彈脆色澤紅潤，巴上這私房醬料後，鮮甜海味在嘴裡橫衝直撞，可以配著麵湯吃，但單點來打牙祭也蠻好，好適合打包當下酒菜。而充滿魚鮮味的現炸魚板是老高雄們不言說的超級隱藏版，噓～

選個非假日的時間來吧，不要浪費了能在這四周靜巷穿梭晃遊的機會，或許試試租台單車，小店一間一間的慢慢拜訪。

附註：標哥和標嫂於 2021 年 11 月底決定正式退休，已交由適合的團隊持續經營。營業資訊可能隨時異動，請自行追蹤店家動態。

阿標切仔料

鹽埕區大仁路 156 巷 8 號 (大溝頂三信合作社對面巷內)

(07)532-8436

09:30 - 17:00 (週一、週二、週三公休)

高捷橘線 O2 鹽埕埔站 2 或 3 號出口，往七賢路方向，步行約 10 分鐘。

秋霞

鱸魚麵線

就好像媽媽把自家廚房搬到路上，食物家常有味，看秋霞阿姨煮湯下麵是種享受，鮮美鱸魚頭躺在碎冰上和你眼對眼。

苓雅寮裡的「秋霞鱸魚麵線」，個性低調但饕客總是慕名而來。

傍晚4點後騎車前往舊稱「苓雅寮」的自強三路附近繞繞，沿街美味的小吃攤林立，氣氛活絡，鼎沸人聲從早市到夜市未曾停歇過；其中位在近永昌街口執業已快一甲子的攤子「秋霞鱸魚麵線」，係由秋霞阿姨與妹妹共同經營，阿姨個性低調，但好手藝卻讓許多饕客自己慕名而來。

嚴選的大尾鱸魚係每早從市場購回處理，不冷凍，經過2年以上的海養，因此不帶臭土腥味；湯頭純用魚大骨溫火控熱，純手工的麵線則是從鳳山一老字號麵線鋪取得，待客人點餐後，阿姨才快速的剁魚下麵，中間火侯和時間的掌握宛如行雲流水，最後掀開鍋蓋後再灑上薑絲和青蒜即告完成，有時還會騰入當令的菠菜提鮮，湯汁清澈，魚肉緊實清甜，麵線爽韌不走糊，懂吃的老客人總會私心要阿姨幫忙留最鮮的魚頭下巴或魚尾，因為風味絕佳。吃法上也頗隨意，不配麵線想單煮湯或者吃鱸魚粥，阿姨也都會盡量滿足。或許就是這份溫暖與貼心吧，攤子前永遠都是人龍絡繹不絕。這裡也賣虱目魚湯和海產粥，草蝦、小卷、蚵仔、牡蠣、蟹肉腳，全都料鮮價廉，吃完暖心暖胃，僅需蘸點芥末和清醬油或者辣豆瓣醬即可，每天的量皆固定，賣完就吃不到了，另外隱藏版的私房「炊鹹」料裡，如清蒸鱸魚頭等，則是熟門熟路的老客人才懂點的。

秋霞鱸魚麵線
苓雅區自強三路 104 號
16:00 -21:00（漁貨賣完即收攤，公休日電洽）
高捷紅線 R8 三多商圈站 7 號出口，往苓雅夜市方向，步行約 12 分鐘。

「陳記」鮮美的鯭貴魚，
品質穩定，吃法千變萬化。

隱身在嫩江街白天熱鬧滾滾的菜市裡，老字號「陳記」店裡頭的美味鮮魚料理，得等到下午 3 點半開門營業才得以品嚐，接著一路往夜裡延伸，直到深夜送走最後一批酒酣耳熱、吃得開心過癮的食客離開，方休。這裡的鱸魚料理在高雄可是以味道鮮美赫赫出名，不等曙光露臉，陳老闆已坐鎮前鎮漁港內，開始用心的挑選起當天要烹煮的食材，尤其憑藉家中四代傳承數十載的賣魚經驗，漁獲一上岸，老闆眼光立即開始精準蒐羅他心中早設想好的上等貨色，接著回來親自處理細節，追趕下午開店前的時間。

來這兒的幾乎都是老顧客，熟門熟路，一坐下就是先點碗熱呼呼的鱸魚湯來喝。鱸魚是老一輩對於鯭貴魚的台語唸法，事實上就是指撈自深海裡的大石斑。由於老闆本身是魚販大盤，所以他們的料理以品質穩定、料超多、價格平實等誘因深受顧客喜愛，老闆娘說煮湯的祕訣就在買回來的大條魚，一次就要用大鍋熬煮出原汁，鎖住精華後湯頭自然濃郁清甜，分清燉和味噌兩種，料的部分則有魚皮、魚肉、魚骨、連皮和魚頭五種，魚肉細緻綿密完全沒有臭腥味，微微蘸點醬油、抹上芥末，層次就出來了；魚皮滑 Q 膠質豐厚，一碗下肚鮮味久久不散，還可加入麵線。此外三杯鱸魚也是人氣料理，還有多達 18 種的下酒切料，來這保證讓人把酒盡興而歸。

這裡離高雄醫學院不遠，好多人的復原都得感謝這兒鮮美魚湯的滋養，另外，三杯吃法，讓人過癮至極。

陳記鱸魚湯
三民區嫩江街 76 號
(07)321-3572
16:00 - 01:30（公休日電洽）
高雄火車站後站出口，左轉九如二路，至嫩江路口右轉直行約 13 分鐘可抵。

047

香味
海產粥・炸海鮮派・
鹽蒸海鮮盤

轉進七賢一路底，
到「香味」點碗超人氣海鮮飯湯，
嚐嚐道地南部粥。

台灣，四面環海，居住島國其中一項可拿來說嘴的優勢，就是隨時能吃到從海洋直送嘴邊的活跳海鮮。綴點青美蝦蟹的海產粥，對吃米飯的台灣人來說，儼然是最完美的組合，然有別於廣式用生米滾煮成糜粥的軟綿吃法，南部常見吃粥的方式，精確來說應該稱作是「飯湯」。飯湯係將事先煮好的米飯和煮沸騰的高湯融合，米飯收飽湯汁後仍粒粒分明，湯頭不因澱粉釋放而變得混濁。

轉進七賢一路底的「香味海產粥」，這裡超人氣的飯湯，選用了台東香米襯底，米飯煮好會透散芋頭清香，起鍋前得先輕柔翻鏟，讓飯鍋蒸氣跑出空隙、填進冷空氣，這是米飯煮成粥後仍保持彈Q的關鍵。碗裡的豐美海鮮係每天產地直送，東石布袋的蚵仔，直接浸在海水裡，午夜脫殼取肉，中午前送抵高雄火車站前的「蚵仔埕」。蚵肉怕沙，買回來還得用太白粉幫牠們淨身。開門後，9個小鍋一字排開，待燒沸了用大骨熬的柴魚高湯後，再騰入蟹肉、干貝、小卷和半鹹水的大白蝦用強火伺候，一下就把甜味鎖住，11秒就起鍋，一口湯飯一口海鮮，南部海產粥分明的層次感，吃完就好像到海裡游了一圈；不想吃粥的話，那試試古早味的綜合鹽蒸海鮮，海鮮盤淋上酒和蒜頭水後用嗆的方式將湯汁逼出來，再以少許白胡椒和蒜酥提味，徹底保留海產的鮮甜。不摻粉的海鮮派完全以花枝打漿，再加入蝦子去炸，是店裡的人氣點心。

僅靠老闆一人撐住九鍋同時開煮的史詩場面，海鮮和飯在碗裡的位置都還沒坐熱呢，成品以秒殺的速度在客人嘴邊消失。

香味海產粥
新興區七賢一路7號
(07)225-5302
16:00 - 24:00(公休日電洽)
高捷橘線O7文化中心站4號出口，往七賢路方向，步行約6分鐘。

048

輝哥

鱔魚意麵

店名乍聽像是火鍋台語唸法的逗趣諧音,實際上老闆輝哥本人親切和氣,今晚,火鍋先不搶風頭,留給鱔魚麵去風風火火。

「輝哥」的鱔魚意麵在光華夜市的小吃大排檔裡占有一頁歷史。

將場景拉向文化中心附近的光華路夜市,位在入口處附近的小攤頭「輝哥鱔魚意麵」,同樣是在傍晚點起攬客的小燈和招牌,營業已逾40多年,在整條繁華熱鬧的小吃大排檔裡占有一頁歷史,攤子前油炸意麵疊得小山高,片好的鱔魚和花枝,紅白相間,旁邊繽紛點綴,生鮮爆炒吃法,留住了最鮮甜的海味。

如果是下午剛營業時過來,你可能碰得到巷子邊現場的宰殺秀,那畫面有點血淋淋,俐落的清理魚身,然後沖掉多餘血水,一群大姐們忙進忙出,分工合作,讓一切迅速就緒;生炒鱔魚要好吃,除了魚肉新鮮,大火快炒後、精準抓對起鍋點也是關鍵,熱好油鍋,刷的一聲,洋蔥先下鍋爆

香,接著鱔魚下去,快炒大約30秒,淋點酒、調醬依序的加、拌個幾下就起鍋,炒料的醬,老闆下午就先調好,意麵是一次就炒好一大鍋的量,最後才和鱔魚或花枝組合,這樣的做法最怕意麵變得糊爛,但這裡在火候和時間的掌控上蠻不錯,因此上桌後,仍然爽鮮脆口,和著羹湯的意麵吸飽了菜料的醬香,再點些黑醋、加點辣醬,傍晚或宵夜時段來,避開洶湧人潮,炒出來的成品最得人心。隱藏版的乾炒風味也好吃,滋味很類似在星馬常見的炒粿條,用大量醬汁炒出鮮味,然後收乾,好像把人帶去東南亞晃了一圈,和帶芡湯的濕吃口味完全不同。

輝哥鱔魚意麵
苓雅區光華二路 436、438 號
(07)716-8409
17:00 - 00:00(隔週休週一、週三)
高捷紅線 R8 三多商圈站 4 號出口,往光華夜市方向,步行約 20 分鐘。

049

南台

浮水魚羹・

排骨酥湯・春捲

走了四代之遠的「南台」，
招牌浮水魚羹係從曾祖母的家傳食譜而來。

民國 66 年起家的「南台」，如果從曾祖母叫賣手工魚丸開始算起，至今已傳接四代之遠。爾後，外婆改賣春捲營生，因緣際會，輾轉落腳鳳山，後來因應客人吃春捲想配點湯的需求，媽媽遂修改了曾祖母的食譜催生出浮水魚羹，並逐步開發出系列品項，羅老闆回憶道。而以南台為名有其地緣關係，這區域係從古縣城時期的南門周邊延伸而來，日治時期辦公廳設址於此，國民政府抵台後，將部分軍眷安置鳳山，眷村、營區或軍校星羅齊布，更強化了這區原本就繁華的市井，這裡於焉成為鳳山小吃的一級戰區。

將搓揉成形的漿丸子以人工快手撥入滾水中，待熟化後自然浮沉於湯水表面謂之「浮水」，是非常傳統的台南吃法，然早期打漿慣用的馬加鰆魚（俗稱白腹仔）越來越少，也曾試過虱目魚，但腥味略重，於是南台選用旗魚對鮪魚、按一比三的比例做魚餡。旗魚取其肉脆，鮪魚則飽含油脂能將牽引出魚羹的甜味，丸子在滿是用虱目魚骨和豬大骨香的滾湯裡翻滾定型，不再另加扁魚和醬油，僅僅盛碗時綴點烏醋薑絲提味，湯頭清逸、裡頭盡是菜肉鮮甜，亦可點食抹上肉漿的魚皮湯；相反的，先用中藥粉醃製整夜隔日油炸的排骨酥，味道強烈頗得到另一派人擁戴。主食亦是，春捲裡頭疊進繽紛的菜肉，滋味清新爽揚；味重的米糕澆淋上肉燥，滷汁中帶有壺底油和白曝原油的醇香，那是好吃的關鍵。喜歡割包者，自炒的鹹菜料搭上用冰糖和中藥包滷製的肉餡，灑上花生糖粉，即走即吃，也是另一個選擇。

店內仍保留了古早的「相逗市」營生方式，二攤相親相愛，吃春捲就配浮水魚羹，吃米糕就配排骨酥湯。

南台春捲 浮水魚羹
鳳山區五甲一路 10 號
(07)745-3415
09:00 - 22:20（週三公休）
高捷橘線 O13 大東站 2 號出口，步行約 15 分鐘。

050

頂好

紅豆薏仁鮮奶・檸檬鳳梨汁・
白木耳鳳梨湯・九比一

「頂好」從小攤一路點燈，
古早味冷熱飲當天現做，夜半來此消磨，
可得甜水溫柔之滋潤。

在轟轟鬧鬧吉林街上、民生市場入口對面，30 多年前從小攤開始撐起的「頂好」，差點因為老頭家年事已高而熄燈，幸賴家族年輕一代的使命感將這延續的棒子接了下來，擴充店面後，現在反而成了高醫學生夜半消磨的私房據點，打屁閒聊喝冷熱飲，有人甚至畢了業還跑回來，想用大冰袋將這熟悉的古早味冷飲和人情味一起打包回家。

所有東西都是當天現做，配料的糖水依循傳統先拌炒，香氣逼人，然火侯如果拿捏失當，焦糖化後苦甜僅僅一線之間。他們的薏仁好吃，夏天單買個薏仁水，清熱退火，碎薏仁取新舊對半，新的多汁、舊的還保有紮實的顆粒口感，薏仁水是用生薏仁泡軟後磨出的生漿，薏仁一定要經過大火滾煮到表面冒泡，讓汁水自然產生濃稠感，勾芡者冰過後會粉水沉澱分離；更升一級，紅豆薏仁鮮奶選用了高雄牧場的在地鮮奶，甜美豆泥係拿取浸置整夜的紅豆水來煮豆，香氣鎖在裡頭，三種味道在嘴裡自在交融。白木耳鳳梨湯拿屏東山產的土鳳梨來熬湯，酸度夠、保留了鳳梨最原始的香氣，去皮切丁後，先取一半入鍋熬煮 4 小時，把果肉內的鳳梨原汁逼出來，續下另一半新鮮肉丁，白木耳買回後先泡軟，去掉蒂頭，用滾水煮到耳肉翻白，關鍵是瀝乾後用大風扇吹涼，人工翻面水氣揮發後脆度仍在，如心急用冰水急速降溫耳肉重新吸水口感也會打折。另一款檸檬鳳梨汁，看似酸上加酸不大契合，然擷取的是百分百鮮榨的檸檬原汁，巧妙中和了鳳梨湯的甜，汁水裡浮沉的檸檬皮渣和果皮釋放出精油更添風味。隱藏版的九比一，係冬瓜茶對青草茶 9 比 1 套的冷飲，冬瓜的甜味裡略帶薄荷草的微嗆香氣，味道竟意外合拍。

冬季限定熱飲在第一波寒流報到後約莫 12 月初登場，點熱龍眼茶來和紅棗、薏仁、紅豆、湯圓、木耳等搭配，不管怎麼搭，都讓人著迷。

古早味頂好豆花（創始老店）

三民區吉林街 131 號
(07)315-7117
12:00 - 01:00（週一到週五）/ 15:00 - 01:00（週六、日）
高捷紅線 R12 後驛站 2 號出口或高雄火車站後站出口，沿博愛一路接熱河街，步行約 10 分鐘。

051

祥裕茶行

蓮藕茶·洛神菊花茶·
紅茶牛奶

老一輩台灣人常說，三碗蓮藕勝過一碗飯，入茶活顏，入菜養身，不喝甜的，那夏天拌個涼鮮脆藕片，或是秋冬煲鍋老藕鴨湯，都是極好的。

「祥裕茶行」堅持古法製茶，
三不，不用香料、不加冰塊、不開放加盟，
以緩慢工序交心。

40 幾年老茶舖的「祥裕茶行」，對茶飲，有他們自己的一套。以前黃老闆茶葉拿回來，如果味道仍嫌不足，炭爐起火、竹篩上茶葉乖巧平鋪、然後就是徹夜的再翻烤，烤完先聞，試泡，不夠，那就再烘。接棒的小兒子笑著說，從小和姐姐都會半夜被挖起床輪班揀茶，因此雖然現在只做茶飲料了，但那份初心未曾改變。

招牌的蓮藕茶，蓮藕係從蓮池潭畔長年拿取，早年從凹仔底延伸過來的濕地地形給予了得天獨厚的生長空間，合作農友不靠一般的放水法，而是仰賴人工下水採收，讓蓮藕沉浸水底持續性光合作用，故藕肉含鐵量更顯飽足，色沉、香氣也夠。還有本草綱目說的，補血散瘀。和白河的種源不同，比起入菜，更適合入茶；粗大部位肥碩粉糯，本產的帶土味和水垢必得耐著性搓洗，但相較進口蓮藕更為鬆香，特別是挑到外觀線條如三稜鏡般曲折的。將整支生藕燉煮到藕肉直直化進汁水中、濾渣、趁藕汁仍帶餘熱、入冰糖水慢攪成茶。味道濃郁順勻，和泡粉勾芡帶出的死甜藕水，味道天差地別！對著牛奶喝，更添滋味，夏秋大出，對比春藕的鮮脆，秋藕質地越趨老成，到農曆年前都是極佳賞味期。洛神茶和菊花茶對半套，是隱藏版喝法，貨源全來自台東太麻里有機契作小農，做茶之前，需要除濕避免潮化生霉，空氣中含水量過高也會使茶味變淡，中和了洛神酸氣和菊花清雅的茶水，讓人驚艷。全天然的茶製，杭菊如受台東焚風過多的吹拂，喝起來還會微微帶點讓人安心的焦灼味。解夏的青草茶，乾草料來自三鳳宮那的老青草街，拿白鶴靈芝、鳳尾草、仙草和薄荷等數種甘草入茶，沁涼心脾，而喜歡鮮奶茶者，這的紅茶牛奶可是有人甘願冒著颱風天也要來帶個幾大瓶才願意乖乖回家的吶。

祥裕茶行（創始老店）
苓雅區福德三路 224 號
(07)721-9575
09:00- 22:00（週三公休）
高捷橘線 O8 五塊厝站 4 號出口，中華公有市場對面，步行約 5 分鐘。

052

仁愛一街

無店名古早味綠豆湯

越簡單的東西要做得好越難，碧沉的豆子，清澈的湯水，爽揚解夏的家常之味，老闆娘請再給我一碗。

移往現址後依然不起店名，
店內仍維持陽春樣貌，只在門口多了個小招牌。

沿著大同路穿越過林森路和忠孝路到仁愛一街上，鬧區裡的小巷有個地方可以安靜的喝碗綠豆湯。這裡有家未曾起過店名的老店，長久以來只賣著綠豆湯一味，先前是在現址對面的大樹下擺攤，來喝湯還能順便乘涼，後來移往現在的鐵皮屋後，店內仍舊維持著陽春樣貌，眼前幾只冰桶幾張桌椅，懷舊老木櫥悉數是從對面搬過來的，只是現在門口多了個寫著「綠豆湯」的低調小招牌。

但他們的綠豆湯一點也不陽春。身著碎花洋裝的老闆娘，面對客人時總是親切和善，靦腆的詢問著你的湯裡要不要加綠豆。店內沒有冷氣消暑，卻單靠湯水下肚就有透進心坎的神奇沁涼；他們賣得綠豆湯有別於一般常看到被煮到透爛變沙的綠豆，那會造成湯汁混濁、豆皮豆仁骨肉分離，這

裡賣的綠豆顆粒分明，鬆軟爽口，表層微微綻開、露出黃綠色的豆仁，下糖時徹底吸收了糖分的香甜，雖然整碗好像肉與汁分離，但味道其實早已相互交融，清甜解膩，口感濃郁紮實，在都會區快被花俏甜品淹沒的現下，這裡看似湯清如水的綠豆湯，反而能讓人找回齒留香的單純感動。這裡對初來乍到高雄的人或許有些難找，然按圖索驥，腳下經過的都是故事，它們會指引你。綠豆湯是許多人記憶中最牢靠的家常滋味，不管已推移多少時空，到這裡來喝碗冰涼的甜湯，讓新人探索、舊人溫習，絕對是值得的。

無店名古早味綠豆湯
新興區仁愛一街 6 號 (近民生一路口、覺元寺斜對面)
(07)241-9109
09:00 - 21:00 (冬天賣完即休息、公休日電洽)
高捷紅線 R9 中央公園站 3 號出口，往火車站方向遇圓環右轉民生路，步行約 10 分鐘。

053

黃家

傳統豆花・
熱桂圓仙草飲

比起滑滑溜溜的冷凍豆花,綿密度極高的傳統豆花還是比較讓人迷戀。來對季節,黃家前面偷日光曬烏魚子的人家,好長一排。

轉進廟街小巷,
「黃家」如今仍賣著已少見的傳統熱豆花。

轉進三鳳宮旁廟街小巷,躲在尋常人家裡的「黃家」,如今仍賣著少見的傳統熱豆花,傳承了老母親的好手藝,生意如果從早期岡山舊火車站開始算起,已經 30 多個年頭,小桌小椅隨意擺放,賣的是高雄人特有的悠閒感。

和坊間目前普遍可見的冷凍豆花相比,最大不同之處在於用傳統技法製作的豆花可以「熱吃」;熱氣能夠導引出豆子的香氣,夏季時黃豆一定要先用冷水浸泡六小時,浸到微微發脹後,直到手壓出軟綿感,那代表黃豆已被咬出香氣,胡亂添加香料反會弄巧成拙覆蓋掉原本豆香;接著快速放入磨豆機,煮出百分百醇濃豆漿後靜置,待回溫至 80 到 85 度。黃老闆說,豆漿最後「沖」

進鹽滷那一瞬間的時機決定了豆花的品質,火候和溫度的掌控,也都是難以言說的經驗。雖費時費工,但出來味道卻是無可比擬,有別於冷凍豆花滑溜脆彈的口感,傳統豆花吃起來又綿又密,蘸點糖水就輕易在舌尖化掉。糖水如果只是拿糖煮水,會壞了一鍋氣味,要先拌炒出焦糖味,再用熱水燒約半小時,煮出糖香和稠度,那就算不加餡料也能吃得有滋有味。薑汁豆花係用老薑搗泥熬出一鍋微辛帶甜的薑汁,澆淋在豆花上,而在燒桂圓湯裡加仙草汁或粉圓、八寶則是老客人的隱藏版必點,兩款皆冬季限定。

黃家傳統豆花
前金區河南二路 131 號(運河對面,介於三鳳宮與天公廟中間)
(07)282-1010
10:30-23:00(內用到 22:30)
高捷紅線 R11 高雄車站 1 號出口 或 橘線 O4 市議會站 4 號出口,步行約 15 分鐘。

鹽埕吳家
金桔豆花

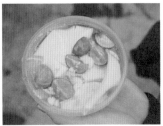

大部分的人都會等不及,直接包圍住推車西哩呼嚕的吃完,要帶走的人,老闆會細心幫你把糖水和豆花分開,維持住口感。

那台亮青色的推車和
車上白泡泡的嫩豆花就是最好的招牌。

如果如果,你在找的是更懷舊的豆花時光,那就來鹽程區的大溝頂吧。常常會聽到長輩說起,以前想吃豆花,很簡單,在熱鬧一點的街角或巷口,小販頂著豔陽天,抓頂斗笠,一根厚實的扁擔上肩、撐起兩個硬木桶,裡頭騰著豆花還ㄅㄨㄞㄅㄨㄞ的晃啊晃,燒好的糖水裝甕,連著幾副攬客的小碗和鋁湯匙速速放進小水桶,到時水桶要找乾淨水源洗碗用,直到桶底朝天。與時俱進了,小推車開始派上用場,沿街洪亮的叫賣聲串起生意網,也更方便了客人在自家門口就能吃上一碗;後來改用鐵桶裝豆花的人多了,小販為防奔波中車震震壞豆花,加了些米穀在桶子外頭,防震也保溫,更講究的,定點還會在車底下燒些炭火,讓豆花維持溫潤,以前有個台語念謠是這樣傳唱的:「豆花、車倒攤,一碗兩角半。」那滋味,多麼生動。

瀨南街口,7-11 超商前的這間無店名豆花攤,依舊保留了一些這樣古早的特色,手推模上是兩桶樸實無華的傳統豆花,沒有任何配料可搭,就讓豆花本身去好好說話。熱豆花的溫潤來自下頭暗藏的炭爐炭火蘊蘊不休的穩定悶燒,僅澆淋了古早味糖水,糖水順著空隙流竄,大家都願意站在路口品嚐它最鮮的滋味,豆香、糖水香,吃完,香氣滿身;冰豆花更是不可不吃;除了在冰涼豆花上淋糖水和檸檬角外,老闆有另外一桶用金桔角去煮的糖水,淋一瓢,豆花頓時盈滿淡淡酸甜,還透著蜂蜜香,約莫 11 點前後出來擺攤,常常是不到二小時就賣完。

· 附註:已找到店面、遷到富野路與瀨南街口,並正式更名。

鹽埕吳家金桔豆花

鹽埕區富野路 70 號 (富野路與瀨南街口,阿英排骨飯斜對街)
0963-981381
11:00 - 18:00 (賣完即休息,週一公休)
高捷橘線 O2 鹽埕埔站 2 或 3 號出口,步行約 10 分鐘。

這裡的冬瓜茶不管配搭什麼都有一套黃金比例，喝起來就是順口，此物只因天上有的遺憾，這裡沒有。

「天池」冬瓜茶到了學茶的陳老闆手裡，從冬瓜到茶葉都是上乘與精挑的作品。

從小喝茶學茶的陳老闆，30 多年前因緣際會下在新樂街開了「天池」做起茶行生意，憑藉著經驗買回來的毛茶已屬上乘，但他仍堅持再用烘茶機精焙，他的精湛技法如今和機器一樣都是骨董等級。而店內高掛夏日涼涼花頭牌的冬瓜茶，竟是當時因朋友送來的冬瓜太多，自己誤打誤撞研發出來的，沒想到大受歡迎至今，碧沉的飽滿冬瓜轉瞬即成了客人沁涼喉頭的甘甜涼風。

遵照各地時節對於栽果所衍生的差異性，冬瓜的挑選也有了中南部和東部的區域之分，整噸整噸運下車入倉庫，煮茶前先將生鮮的冬瓜切片，爾後放入大鍋，下糖以文火慢慢燉熱，其間老闆單憑手肘的勁道以大鏟不斷的翻炒，好讓冬瓜脫水後能均勻糖化，因為黏稠所以費力，但這是冬瓜茶好喝的關鍵，成型後再以機器恆溫拌攪成冬瓜糖塊，單吃滿嘴即饒富瓜肉天然的清香，續將黏呼的糖塊加水燒沸後煮三小時，待冬瓜渣浮起過濾即完成。堅持以家庭細工製作，耗時約 13 小時，但和一般坊間多直接拿冬瓜磚入水燒的方式相比，這裡的冬瓜茶喝起來甘醇淡雅，不見惱人的甜膩，單喝極好，加進牛奶、烏龍或鮮擠檸檬汁後，又是另一番無窮滋味。除了冬瓜茶，這裡的茶飲也是一絕，老闆詩意的說：「茶有茶格，每泡茶都有它的個性，有時水不柔，茶會走躥，要想法子馴服；引出了茶香，入口時自然會回甘。」茶裡他們添加了自製的糖蜜，喝完餘韻真是在喉頭久轉不散。

天池芳香冬瓜茶
鹽埕區新樂街 113 號
(07)551-7165
09:30 - 21:30（公休日電洽）
高捷橘線 O2 鹽埕埔站 2 或 3 號出口，沿新樂街，步行約 2 分鐘。

來新樂街上的「樺達」帶杯奶茶走，
你才會知道什麼叫做珍珠奶茶。

在新樂街上已開業朝向 40 年邁進的「樺達奶茶」，係老闆娘陳月枝依照發達的逗趣諧音所取，店內味濃醇香的招牌珍珠奶茶頗受高雄人喜愛，老闆娘同時致力於品茶的教學與茶藝的發揚，茶道博大精深，發達之意在這有了更深層與細緻的解讀。

早在西式速食大舉進入台灣前，樺達即率先前往香港取經，探究港人為何鍾情於醇美的鴛鴦和絲襪奶茶；這裡的紅茶每年會依據氣候和溼度等因素，從印尼、菲律賓、斯里蘭卡等地挑選出最適合的茶葉，陳老闆娘說，雖然開店茶水的消耗量很大，但她仍堅持紅茶要用泡的；用煮的成本可省一半，然茶性將悉數破壞殆盡。此外，這裡的紅茶並不以果糖漿的全糖或半糖方式來添加，而是預先在紅茶裡加入足量的蔗糖水，再以拿了陳皮同煮的頂級無糖普洱茶來調整甜度。冬天時從苗栗買回虎頭柑自己烘焙的陳皮，能去咳，茶葉的澀苦會在泡製過程些微釋出，倚靠糖性包覆後，入口時極為順滑醇甘；奶茶不用奶粉或奶精，但牛奶也得慎選，過濃、脂香味過厚的會完全蓋掉茶的氣味，樺達奶茶喝完不會讓人感覺甜膩，牛奶的濃和紅茶的香都被充分的呈現；珍珠係從一合作許久的傳統老舖拿貨，彈 Q 可口，炎炎夏日喝杯這裡的珍奶會有種沁透心脾的爽快。這裡的烏梅普洱和桂花烏龍也都是叫好叫座，上好的酸甜烏梅醬竟和冷涼的普洱茶如此配搭，裡頭還吃得到梅肉；喝桂花烏龍時鼻息盡是滿溢著桂花的清香。

台灣身為老外口中神奇泡泡茶的創始地，我們自己當然對於珍珠奶茶有更高的期許和更深的感情，茶水沁人、珍珠奪目，是基本標準。

樺達奶茶（創始老店）
鹽埕區新樂街 101 號
(07)551-2151
09:00 - 22:00
高捷橘線 O2 鹽埕埔站 2 或 3 號出口，沿新樂街，步行約 3 分鐘。

057
李家
圓仔湯

公有市場入口處的「李家圓仔湯」，
甜湯溫溫燒滾，白磚露台是風華。

位在鄰近鹽埕第一公有舊市場入口處的「李家圓仔湯」，小店面未曾起過招牌，裡頭僅靠李氏老夫妻露臉打理一切，店內陳設從老式刨冰機、斑駁木櫥、舊式鍋爐、到只容許一人進進出出的白磚露台，都是看盡鹽埕區從風華走向衰敗的見證。如今親戚接手，露台上白煙裊裊，鍋爐仍舊盡責的燒滾著熱甜湯，入口的溫潤汁水洋溢滿滿懷舊的幸福時光，熟門熟路者大多甘願為了那碗純手作的黏糯圓仔老遠跑來。

承襲了一份古早精神，這裡對於圓仔的製作手藝有著自己的堅持與執著，每天清晨 5 點即起床備料，中午 12 點半準時營業，夏天吃刨冰，冬天喝甜湯、也吃刨冰，每種配料都好吃，特別是圓仔。等待的片刻，能看到小老闆不停在旁邊監控芋頭蜜的程度，一邊快手桿製糯米糰，選用的老米 Q 彈少水，成型後要不斷手壓瀝除多餘水分，讓米性均勻發揮，現場俐落的手切，圓仔飛彈進竹簍，煮後口感彈韌筋道，宛如白玉膏脂，配冰配湯都無比美味。由於 12 點半去，老闆還在趕製，因此內行人都知道想吃圓仔湯最好是 1 點後過去最保險。紅豆係選用每年 12 月到隔年 2 月產的屏東萬丹紅豆，這段時間產的豆子味道最好，因此經過溫燉燜煮成紅豆泥，香甜順滑；土豆仁湯則氣味爽揚，花生軟綿口感卻仍粒粒分明，入口即化；選用大甲芋甘煮蜜漬的甜芋餡費時費工，通常要下午才吃得到。

其實很懷念李阿伯還親自掌店時這裡的樣子，他總是安靜站在角落，手切的圓仔就像砲彈，飛滾到竹篩上，等待著光榮就義的那一刻。

李家圓仔湯

鹽埕區五福四路 232 號旁
(07)521-1418
12:00 - 21:00（週一公休）
高捷橘線 O2 鹽埕埔站 3 號出口，沿五福四路走到近七賢路口，步行約 5 分鐘。

058

老周
燒麻糬・
桂圓米糕粥

在三民廟街裡的「老周冷熱飲」，
吃甜品，也是吃給自己整身驅寒的堅定信念。

在高雄其實很難遇到甚麼像樣的冬天，尤其這幾年，因此每當寒流大舉侵襲之時，涼颼的風總能把不耐寒的高雄人凍得吱吱亂叫。常常這種時候，三民街裡的「老周冷熱飲」就會開始湧現人潮，60多年來大夥都抱著一種寧願拼出門冷死，也要吃上熱呼呼的燒麻糬，和那一碗能驅寒暖身的桂圓米糕粥和花生湯的信念，因為這樣過完冬天才算完整啊。

　嚴謹的周老闆清晨5點就開始備料，嚴選的長糯米必須先浸泡兩小時到軟稠，後用脫水機瀝出大塊大塊的半成品，關鍵是要拿其中一部分出來，先煮熟成「龜帛」，再放回剛剛的半成品中一起磨搗攪拌，麵糰出來後才會有黏性、不會騷騷，續將一顆顆如拳頭般大小的麵糰加入燒滾的糖水中，糖要用特砂煮出來才會晶瑩透亮，約半小時後就移到攤位上的外鍋繼續慢燒，期間還需不停翻動；點來吃時，有花生和芝麻兩種沾粉可選，尤其是花生，選自北港又香又甜的大顆土豆仁，翻炒過後、脫膜、攪成碎顆粒，吃起來不會有油耗味，點後一小時內是黃金賞味期限。一口咬下捧在掌心的滑Q燒麻糬，芝麻花生粉蘸得滿嘴都是，香氣在鼻息間撲天蓋地的散開來，微甜不膩的口感，預約了這冬天滿滿的簡單幸福。另外兩項熱銷的產品桂圓米糕粥和花生湯，冬季限定、照傳統陸續在農曆八月十八中秋之後上小攤亮相。

龜帛：台語中米漿會先被瀝乾或塑乾成龜粹，再煮成龜帛，
　　　做為米糰製作的媒介。

騷騷：台語中意指不Q、少了點黏性和韌性。

桂圓米糕粥和土豆仁湯，都是真真正正捨棄不掉的心頭好，一個人來吃也好適合，吃完身體會很暖，是暖進心裡的那種。

老周冷熱飲
三民區三民街 126 號
(07)281-6780
10:00 - 23:30（農曆十七公休）
高捷紅線 R11 高雄車站 1 號出口 或 橘線 O4 市議會站 4 號出口，往三民街方向，步行約 15 分鐘。

059

春霞
古早味粉圓冰

製作上極為繁瑣費工，但工作室隱藏在樓上，客人是看不到的，那過程光聽老闆說都覺得好辛苦，每年夏天他都會被操到瘦個幾公斤。

「春霞」，純粹的極簡之味，
那古早味的剔透粉圓美得乍看好像魚子醬。

在高雄市著名的三鳳宮後方，與鼎沸的三民市場遙遙相望的靜謐巷子裡，有間由春霞阿嬤創立一甲子的「春霞粉圓冰」，一年四季熱賣不停的古早味擔子，川流的熟客夏天來這就是要一大碗加料的粉圓冰消解暑氣；而轉眼冬天，則是裹著暖暖大衣依偎著桌腳品嘗燙嘴的燒粉圓，在這裊裊吹起梵香煙氣的廟街裡，舖子的存在，無疑是時光裡人文軼事最濃烈的鋪陳，像座難以撼動的古早美味地標。

老闆每天一大早5點就開始忙碌的製作純手工粉圓、仙草和粉粿；粉圓晶瑩無瑕，小巧如淡雅的琥珀色珍珠，粉圓冰在碎冰撈起時折射出剔透光芒，口感紮實、粉心彈Q，是這裡最古老而純粹的極簡之味；粉粿白淨透亮，是因為捨棄了添加人工色素黃，較一般外面吃到的鬆軟，但黏稠度仍被完整保留；仙草則是呈現一絲絲細柔黝黑的條狀滑溜，和粉圓分別裝在門口設立的簡單工作檯上那引人注目的方桶裡，滿滿一桶，待客人點好要吃的種類後，只看到阿姨俐索的將材料順勢滑進杯碗中，舖勻糖水碎冰，初次造訪除了粉圓冰外，推薦點他們招牌的綜合地瓜圓和仙草粉圓粉粿冰，綜合地瓜圓裡頭包含了地瓜圓、粉粿、小粉圓、綠豆和仙草，地瓜圓和粉粿的彈Q鬆軟都在水準之上。在這裡吃冰，盛夏不再揮汗如雨，和老闆開話家常，吃冰，交換午後一場清涼的陪伴。

春霞古早味粉圓冰
三民區三民街78號
(07)286-9192
09:30 - 18:30（4月到10月）/ 10:00 - 18:00（11月到隔年3月）
高捷紅線 R11 高雄車站 1 號出口 或 橘線 O4 市議會站 4 號出口，往三鳳宮方向，步行約15分鐘。

060

清涼
愛玉冰

南華路夜市在 90 年代初期熱鬧異常，你可以用萬頭鑽動來想像，特別是高檔童裝店林立，買完，一定要坐下來時髦的喝碗愛玉再走。

「清涼愛玉冰」推車上滾著成堆檸檬和滑溜愛玉凍，
黃綠相間，鮮明也顯眼。

提著菜籃在新興市場奮戰完一輪的人，泰半都會順路拐進南華路的步行街裡吃吃解熱的「清涼愛玉冰」。南華路看似街景幽幽，實際上早已不復當年人潮洶湧的熱烈景況，路口那座人聲鼎沸的天橋，如今也早已因應捷運開通而拆毀。還好，清涼的愛玉冰攤車仍擺在步行街入口進去後春成銀樓的巷口，攤子後頭賣著全國流行服飾，推車上滾著成堆檸檬和滑溜愛玉凍，黃綠相間，鮮明也顯眼，還沒吃，感官先被洗滌得一陣清涼。

攤子數十年如一日，就簡單賣著愛玉冰，懸掛的厚紙片和空杯是標示售價用，在靜滯的午后總隨風緩緩飄揚，老闆近來已鮮少露面，攤子多由爽朗的阿姨幫忙料理，但 60 年來野生愛玉子的洗搓總還是親自操刀，每天從清晨 4 點多就開始忙，好趕得及在 9 點左右把愛玉凍送到攤位這邊。這裡的

愛玉凍並無額外添加寒天或洋菜這類明膠物，因此咬感輕盈滑溜，不若一般會出現過度凝結後的詭異彈脆；而淡雅的淺黃則是真正野生愛玉子被搓揉後、礦物質釋放出的果膠色澤，如有添加人工色素則看起來會偏暗沉。被劃成小塊狀的愛玉連同冰塊一起放在盆子中，阿姨賣力拿著傢私把冰敲碎以求均勻降溫，還得不定時將盆裡化出的水瀝掉，舀給客人時品質才會穩定。糖水有分加檸檬汁或不加兩種，鮮榨的檸檬原汁讓愛玉喝起來冰涼酸甜，當愛玉咕嚕一聲輕滑進食道時，整個人彷彿都飄浮了起來，非常暢快。許多人喜歡挨在攤子前擁擠的檸檬堆中搶位子，因為這樣就可以托著碗邊吃邊和阿姨開講，要不就索性站著吃，享受小攤子裡人情味的猛烈交攻。

清涼愛玉冰
新興區南華路 58 號前（春成銀樓對面）
10:30 - 21:00（賣完即休息）
高捷紅線 R10 / 橘線 O5 美麗島站 5 號出口，轉進南華路步行街，步行約 5 分鐘。

061

鄭老牌

木瓜牛奶

來高雄喝杯「鄭老牌」爽涼的木瓜牛奶，
幾乎是盛夏都會做上幾回的事。

「鄭」老牌」在 1965 年以水果批發生意起家，後來隨著六合夜市興起而移至現址，老老闆是流亡學生，13 歲來台後卻再也回不了家，漂浪的人生在高雄落腳生根，因待人誠懇和氣，攤頭小販們都尊稱他一聲「鄭老」；果汁攤的生意火爆全來自他挑水果時精準的敏銳度和對品質的堅持。爲了確保水果鮮美，不惜在攤車上裝置降溫設備，由於南台灣的水土極適合木瓜生長，來杯爽涼的木瓜牛奶幾乎是老高雄人盛夏都會做上幾回的事。

鄭老牌熱銷逾一甲子的木瓜牛奶，係選用來自屏東長治大樹一帶的台農二號木瓜，俗稱「春仔瓜」，瓜肉甜艷多汁，香氣飽滿，固定合作的契作農場每天產地直送鮮採不打藥的網室木瓜到高雄，一定要求是在欉仔，6 到 7 分熟就要採收，這樣運抵時才會是最剛好的熟度。糖水和牛奶是另外兩個關鍵。這裡的糖水用紅糖下去熬煮，煮滾後轉文火濾渣，接著必須長達八小時不停的人工攪動，糖化過程將香氣逼了出來，打汁前還要二度用更細的濾網過濾雜質，這個關鍵細節目前仍仰賴高齡的一代老老闆親自操刀，琥珀色的剔透糖水聞起來有股焦香，濃烈有如古早味零嘴白脫糖，加上高雄牧場當天鮮擠的牛奶，喝完的人給得幾乎都是絡繹不絕的好評價；消火的蜂蜜苦瓜汁和芒果汁也是必喝，鮮美的白玉苦瓜對上來自雲林土庫的純龍眼花蜜，苦甜間，舌尖沾滿著夏天最原始的氣味。

他們的小攤就像變形金剛，開市前僅用棚布遮擋，華燈初上，從榨汁工作檯到料理水果的後場，還有內用座位區，突然一下就全變了出來。

鄭老牌木瓜牛奶
新興區六合二路 1 號（近六合夜市中山路入口）
(07)286-3074
16:00 - 02:00
高捷紅線 R10 / 橘線 O5 美麗島站 11 號出口，左轉六合夜市，步行約 1 分鐘。

062

阿里
黑糖粉粿

已傳至第四代的「阿里古早味剉冰」，
還吃得到少見的黑糖粉粿，夏天限定。

開業已逾 50 個年頭，隱身在熙來攘往的埤仔頭早市裡的「阿里古早味剉冰」，藏著一味樸拙卻滋味順美的小點，黑糖粉粿。粉粿其實是再台灣不過的庶民風味，當軟彈的口感對上了糖水，再澆淋樸的餡料，炎炎溽夏，如能吃上一碗這樣俗擱大碗的剉冰，那才真叫大快人心；原本，黑糖對水當涼飲喝係早期台灣農村普遍的喝法，奢侈點想變化時，才會兌入番薯粉和熱水做粉粿。

阿里已傳至第四代，從最早只賣簡單的愛玉開始，一路增加品項，爽朗的老闆娘阿里，國中畢業後就開始跟著媽媽賣冰，婚後曾移到左營遠東，後來才又移回埤仔頭市場。店內的作息都跟著早市走，住在埤仔頭附近的老左營人，已很習慣一大早買完菜就來這裡吃碗冰再回家。只有夏天吃得到的手工黑糖粉粿，是由阿里已過世的先生研發出的，先把黑糖用文火熬出帶焦糖香氣的糖漿，關鍵是特選的地瓜粉在兌入熱水攪拌後，要接著快速沖入黑糖漿，拌攪約 5-10 分鐘，直到糖粿黏稠剔透；許多人會用冷水去攪拌後再蒸炊，老闆娘說這樣的口感已經差了一截。這裡的甜餡幾乎都是他們自己做，粉圓和湯圓也是風味絕佳，節慶或婚宴時，預訂數量常是供不應求。另外來這吃完八寶剉冰後，別忘了帶塊仙草或愛玉回家。

店面座位和隔壁麵攤一同共享，所以在這一大早吃完熱湯麵接著來碗阿里剉冰，是很稀鬆平常的事，早市收，他們也差不多準備要休息。

阿里古早味剉冰
左營區埤仔頭路 28 號（近埤仔頭菜市場尾端左手邊一三角窗）
07:00 - 14:00
高捷紅線 R16 左營高鐵站，租賃公共腳踏車前往，約 15 分鐘。

063

爵士冰城 Jazz Ice Town

椒鹽炸雞

古早味清冰・枝仔冰棒・

到懷舊冰菓店「爵士冰城」，
吃枝仔冰，喝古味飲，記得來份涮嘴炸雞。

順著十全路上車潮兜兜轉轉進幽靜的四平街小巷，十全國小對面有家懷舊的冰菓店「爵士冰城」，裡頭的冰棒和炸物，不知牽扯了多少人那些來來去去的歡樂夏天。店名取為爵士雖是算命而來，然從老闆娘妮妮道來的故事和爽朗笑談中，不難發現她和老闆對做事的審慎看重。

一晃眼這裡已走超過 30 個年頭，許多老客人縱使已身處異地打拼，卻仍唸唸不忘著老闆娘用厚實雙手製作、伴著自己童年長大的枝仔冰棒，沁涼了心脾，也得到了情感的撫慰。十來樣不同風味的冰棒，七彩繽紛、微甜不膩、裡頭還吃得到一塊塊紮實的食材，南瓜子和百香果冰棒尤其熱賣；百香果風味係在純果汁稀釋後做出的清冰棒裡加入水蜜桃汁，待彼此在舌尖交融出醇厚協調的芳香，有時還會不小心在齒縫蹦出水蜜桃果肉；而南瓜子則是這裡的獨家招牌，將熟透的南瓜鑲入自行烘烤的南瓜子後做成小巧冰棒，艷麗的粉黃色澤和濃郁口感吃完叫人難忘。特調飲品洋溢古早氣味，行家喝法是在上頭加入一球爽甜清新的牛奶清冰，清冰裡淡淡的香蕉油香氣讓人喝著的瞬間腦子也放鬆的漂浮，享受賞味當下懷舊與現代的愉悅撞擊。酥炸的魷魚頭和椒鹽雞肉是這裡另一項超人氣的選擇，每天用新鮮的油現炸出軟嫩香脆的口感，特別是魷魚頭，帶點咖哩香氣，輔以用甘草肉桂等十多樣中藥特調的胡椒粉，豈是涮嘴可以形容。

做枝仔冰很辛苦，覺沒得睡，大半夜的就得在廚房裡忙。炸物全都串好，採自助挑選，店裡不做什麼大鳴大放的噱頭，一切細水長流。

爵士冰城 Jazz Ice Town
三民區大連街 297 號
(07)322-0807
11:00 - 21:00（公休日會在粉絲專頁公告）
高捷紅線 R12 後驛站 2 號出口，步行約 5 分鐘。

064 *

阿蓮仔
菊花茶

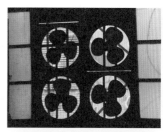

煮茶已逾 50 年的「阿蓮仔」，
店裡那杯淡雅的菊花茶，喝來總叫人特別舒心。

位在前鎮的允棟市場內，傳承二代、已逾 50 年的「阿蓮仔菊花茶大王」，店裡賣著許多解夏的涼茶，尤其是菊花茶，特別舒心。老闆手捧著滿滿菊花，寶貝的看著，從小他就被父親嚴格訓練如何去辨別花性與用途。一般市面上茶色略偏深黃，那多半是用縮乾的茶磚煮出來的，真正好喝的菊花茶，是用極大量的花去冷泡，應該要呈現淡淡的茶綠色，老闆說。

為了要取得品質最好的菊花來入茶，直接在台東太麻里租下整甲地，委請當地的原民小農照料，那裡的地型和氣候都適合如白色小花般的杭菊長大，大約每年 9 月前可穩定採收，一般看到的大蕊菊花適合觀賞和入菜；質好的小杭菊，花瓣拉扯時不會輕易拉斷，茶的甘味實來自花心而非花瓣，採收後的花朵要先做乾燥處理，用烘的方式焙乾半小時、不能過烤、味道會變焦苦。泡菊花的水也講究，今天煮的水前晚就要先盛好備著，那是父執輩口中的「陰陽水」，目的是要降低水中的含氟量；冷水時就先泡入枸杞、黃柏、黃杞子和御棗等中藥材，煮沸後放涼，再下整盆整盆的杭菊冷泡 5 分鐘，最後用純鐵的冰桶，以水冷式儲存法冰存，在不加防腐劑的情況下自然冰鎮。夏天來上一杯，明目、生津、退肝火，微微的甜、鼻息還氳氤著菊花香，還沒上學的小女兒不時店前店後的嬉鬧玩耍，渴了自己就會要一杯來喝，當炎夏那份突來的口乾舌燥被壓制住了，油生舒爽，心神就安定了吶。

如果你有空坐在店裡喝茶，和老闆聊上個幾句，從他滔滔不絕的介紹裡，你可以徹底感受到他那份從小對菊花茶所產生的感情，眼神會發光。

· 附註：已於 2019 年結束營業。

阿蓮仔菊花茶大王
前鎮區鎮榮街 22 號

走訪近一甲子老店「廖家黑輪」， 彈韌厚實的手工黑輪把魚漿香氣徹底逼出。

高雄被盛譽為是台灣黑輪的原鄉，但時至今日，用機器平壓的黑輪充斥大街小巷，費時費工的純手壓黑輪片反倒變得可遇而不可求。走訪三民街近一甲子老店「廖家黑輪」，我好奇詢問老闆是甚麼動力讓他堅持手工，老闆笑答，因為機器壓的會沒味道，力道和手感拿捏得宜，黑輪才會有韌性且厚實，魚漿才能逼得出香氣。不規則的外型，是他們對黑輪品質堅持和用心的保證；嚴選用新鮮狗母魚和白帶魚打出的魚漿，摻入鹽、油蔥酥和三種獨門配方調製，好吃的最關鍵，在於攪拌過程還要加入適量冰塊冷縮，口感就會細緻富咬勁；而烤醬則是在堅持不加水的醬油膏裡，加入先化融好的冰糖，按獨家比例攪拌，直到濃稠油亮為止。

每當 10 點半一開市，就會看見廖老闆俐落串好黑輪片，細細放置到燒熱的烤架上翻烤，遠望像極成排黃色大軍在跳舞，輔以快速刷醬節奏和精準翻面，直到表皮微微膨脹，透出焦酥香氣才大功告成。薄脆外皮底下，魚漿柔軟富彈性，超好吃！麻辣口味則是在燒熱的辣油裡倒入打碎花椒、胡椒和乾辣椒，小火翻攪 15 分鐘，嗆辣噴火的口感真讓人直呼過癮，最高紀錄曾單日熱銷了破千多支。由於店家是位在和自強路交叉的街頭附近，常常一到假日排隊人龍就會溢出來路上，叫它三民街「頭」霸王，貼切異常，配上他們的米腸夾香腸和關東煮熱湯，就是完美的一餐。

邊吃他們家的烤黑輪，邊喝一杯對面阿智賣的古早味酸梅湯，串好的黑輪堆成小山，天氣熱拿幾支當扇子搧好像也頗合時宜。

廖家黑輪
三民區三民街 191 號前攤位
(07)201-1020
10:30 - 21:50（農曆十七公休）
高捷紅線 R11 高雄車站 1 號出口 或 橘線 O4 市議會站 1 號出口，往三民街方向，步行約 15 分鐘。

「下一鍋」早上在三和市場賣，
下午隨即推車趕奔大禮街主戰場。

下午 3 點未到，「下一鍋」在大禮街黃昏市場騎樓下的大圓鑊旁，早已聚集了大批久候的人潮，為的就是裊裊煙氣下那一顆顆白呼呼、胖擰擰的菜肉包子。下一鍋的水煎包一直都是以皮薄餡豐著名，而且皮是超乎想像的薄。早上在三和市場賣，下午隨即推車趕奔大禮街主戰場，以前，這裡的水煎包尚且足夠餵飽熟門熟路的在地客人，現在被挖出來了，騎樓下插滿了小旗子和媒體報導，想吃，就是得等等等啦！有趣的是，攤子原本沒有名字，常常來到現場買包子時都會聽到老闆講一句：要等下一鍋喔。久了，反倒變成大家對這裡的趣味稱呼，以前不管場面多麼忙亂，還能看到可愛的老闆逕自揉麵糰帶大耳機聽音樂，那曾是這攤子的招牌風景。

只見攤子邊上擠了四到五個包餡理餡的能手，餡料包入大量的高山高麗菜，間或點綴少許增色提味的絞肉青蔥或韭菜碎，肉末肥瘦各半，餡料完全是當天製作、不過夜冷凍，因此口感極佳，飽滿菜肉是溢出來的，湯汁氣味鮮濃。此外，包子製作工序也和別處不盡相同，淋油水煎後，內餡菜肉的脆爽和鮮嫩被完整封藏，接著將包子四面香煎至金黃後迅速起鍋，透薄的包子皮絲毫遮掩不了快爆出的菜絲，時間掌控得宜，讓包子一口咬下不因浸潤過多的水氣而走糊，碎肉釋放的油脂滋潤了菜餡，也帶出鮮味，清甜瀰溢口涎。最好先打電話預訂才不用等很久喔。

在這裡，老闆娘邊包包子還要邊掐時間寫訂單，告知客人回來拿取的時間，這樣客人就不用久站等候，裡頭充滿著體貼的微微心意。

下一鍋水煎包
鹽埕區大禮街 24 號 (大禮街黃昏市場，與必忠街交叉口)
0915-010853
14:00 - 18:30（週一公休）
高捷橘線 O2 鹽埕埔站 或 O4 市議會站，租賃公共腳踏車前往，約 10 分鐘。

新大港

香腸大腸

遠望衝天的白煙可不是虔誠香火，
全都是廟前廣場「新大港」這烤香腸攤的傑作。

如果下午肚子餓來到新大港，那鐵定不能錯過保安宮裡精采的攤子「新大港香腸大腸」。以前每逢傍晚，從遠處即可看見宮廟的方向竄起衝天白煙，那可不是裊裊的虔誠香火，都是廟前廣場新大港這烤香腸攤的傑作。

當日灌好的鮮美香腸成排成串、垂掛在曬衣架上的景象，早已成了信仰以外，這裡最惹眼的風景，數十年來阿姨們包頭包臉、穿袖套，在烈日下奮勇的翻烤，頭上兩個抽油煙的大風管吱吱喳喳的運轉著，生意好時攤車上的烤架全數出動、點上兇猛炭火、剪腸衣、翻動米腸香腸、又切又包的，香腸米腸的外香內潤全是多年精準手感的累積。肥瘦比拿捏得宜，肥肉比例較一般香腸略低，因此咬下後不會顯得油膩，仍吃得到肉塊的鮮嫩緊實；大腸即糯米腸，拿了真正的豬大腸來做腸衣，是傳統的古早風味，得宜的火候讓糯米吃來軟糯彈口，帶著土豆清香。來這裡吃烤香腸，通常是去拿竹籤自己動手插些爽脆的黃瓜或大頭菜後站吃，或者再手抓一把旁邊整盆剝好的生蒜頭來配，如果要吃米腸夾香腸，記得，這裡不是說要「幾套」，熟門熟路後就知道儘管黏到阿姨身邊用台語跟她說你要「幾組」；後來旁邊竟然還開了家生啤酒專賣店，當你終於搶到一組了，趁還燙手，去買瓶冰啤酒，儘管邊吃邊嗑蒜頭，好好豪邁享受一下吧，形象，丟一邊去。

旁邊空地隨意擱了幾張椅子，真的不要害羞，就豪邁的給它坐下去，原本許多人都暗自打算吃個點心分量就好，但常常最後一路失控飽到深夜。

新大港香腸大腸（創始老店）

三民區十全一路 52 號（十全一路和孝順街交叉口、保安宮前廣場）
(07)322-2711
14:30 - 19:00（週二公休）
高捷紅線 R12 後驛站 2 號出口，左轉十全一路往高雄醫學院方向，步行約 15 分鐘。

068

蕭家
刈包

蕭家男兒忙起來都是一貫地俐落
瀟灑，但菜料塞入依然井然有序，
小小包食裡藏著認真的心意。

午後定時出現各地熱騰騰兜賣的「蕭家刈包」，
滋味迷倒眾生。

屬於年輕人走跳的新堀江商圈，裡頭同樣有著一攤迷倒眾生的小點心，「蕭家刈包」。它本身的味美就如同採訪時所帶來的刺激，讓人始料未及，還記得那時的採訪是一邊提問一邊幫蕭老闆推攤車跑警察完成的，雖然在新田路這端入口有了固定駐點，但仍得配合定期抽籤，只是不管地點怎麼換，想吃的人就是有辦法循香前來。

刈包又稱「虎咬豬」，蕭家在白嫩的扇狀包子裡疊進了正宗台味的菜料，做法饒富著甜鹹甜鹹的古早風味。親切的蕭老闆家住大寮，早上備好菜料後，傍晚準時來到擺攤處，當攤車上頭攬客的小旗子開始隨著煙氣飄揚，那就代表開賣囉。這裡的刈包口感蓬鬆麵體卻厚實，那是出自前鎮一位做了幾十年的老師傅之手，蒸炊時間不能超過兩小時，否則包子皮即開始走糊；由於家裡之前是肉商，因此他們對選肉特別講究，一定要選當天現宰的溫體豬，肉要挑水份足的才不會影響口感，爌肉係用米酒和醬油燉滷，肉裡透著酒氣散掉後的甜，味道飽足卻不油膩。配料除了有酸菜，捨棄一般常見的香菜，改以蒜拌黃瓜和滷筍干取代；筍子的味道很透，只挑纖維細緻的筍尾，加上帶點辛辣開胃的黃瓜條，最後綴點少量提味用的白糖花生粉，這款銷魂的「台式漢堡」，邊走邊吃，極好。如果你沒有要馬上吃，貼心的蕭老闆還會將糖粉另外包防止走潮，一個小小的刈包盡是彰顯無窮心意。

蕭家刈包

前鎮區民權二路和一德路交叉口（勞工公園旁）／鳳山區海洋二路和南福街交叉口（海洋夜市）
0980-602390（攤車位置和時間如變動，請手機洽詢）
14:00 - 17:00（勞工公園旁）（週六、週日）／ 16:30 - 23:00（海洋夜市）（週四）
高捷紅線 R7 獅甲站 2 號出口，沿勞工公園，步行約 3 分鐘／高捷橘線 O10 衛武營站 6 號出口，租賃公共腳踏車前往，約 10 分鐘。

從三塊大石頭搗一斗米開始，「阿綿麻糬」用真誠的手藝緊緊和客人相依，拼搏感情。

從小，老闆娘阿綿的阿嬤每到中秋，就會帶著手搗的客家麻糬和一包糖粉，大老遠從里港坐車來高雄與一家團圓，那味道，讓童年變得好甜；出社會沒幾年，家庭和工作上的變故，讓她在人生的低谷轉了個大彎，站在徬徨的十字路口，她毅然選擇往那溫暖的記憶裡走去，返鄉和阿嬤學做麻糬。從三塊大石頭搗一斗米開始，趁著鹽埕大溝頂的霞海城隍廟作醮，她在香客熙來攘往間架起小桌，賣起這麟口的小點心，後來因緣得到左營劉家酸菜白肉鍋王老闆的協助，在店內騰出一位置，她的生意開始慢慢穩當了下來，如今，又重回大溝頂，那最初站起的地方，與客人結緣。

起初找大盤商拿米，她都擔心會被混摻，那會讓手拉的米糰變得易斷、拉不出延展性、米香也打折，於是最後乾脆自己在台東池上找契作養米。起步安心了，接著就是用心，從泡磨、耗費三小時用板凳瀝壓米袋出水、蒸炊、到最後手工的甩拉，她笑說，常常雙手做到都要「大吊搁」，她的麻糬特別Q彈且不黏牙都是頻上國術館報到換來的。內餡也好受歡迎，特別是花生、芝麻、紅豆；選用北港的花生研磨成仍帶顆粒的碎粉，手工翻焙、慢火細炒成醬，濕潤的口感來自加了芥花油，那能降低花生的燥度，口感變得更溫潤，裡頭還帶著濃烈甜香；芝麻餡異曲同工，特色是仍吃得到芝麻炒香後自然帶出的微微苦甜；而入萬丹紅豆用溫火蜜攪四小時而得的豆沙餡，是已故父親早年賣紅豆餅撐起家計留給她的禮物，她永遠記得那微甜不膩的感覺，以此遙念。冬季，在麻糬裡騰進選自苗栗馬拉邦山區的高山草莓變成大福，草莓受雲霧與山泉的滋潤，格外多汁香甜，被季節給限定住，吃完感覺好像也更加幸福了。

現點現包，現場拿到馬上吃下肚滋味迷人，阿綿甚至把隔壁店面也租下來改成小藝廊推廣大溝頂文化，也分送客人手繪的鹽埕埔美食地圖，揪感心。

阿綿手工麻糬

鹽埕區新樂街 198-27 號
(07)531-9177
10:00 - 19:00
高捷橘線 O2 鹽埕埔站 2 或 3 號出口，往七賢路方向，步行約 5 分鐘。

三代春捲

春捲

味滷藥膳

成疊的潤餅皮躺在騎樓下吹著涼風，小老闆仔細的將它們一張一張的鋪排好，放進木盒，用乾淨的白棉布蓋上，等著上場。

跳過切切煮煮的繁瑣細節，
坐捷運來「三代」吃春捲，輕鬆又愉快。

在古代，《四時寶鏡》曾這麼說到：「立春日，食蘆菔、春餅、生菜，號春盤」輾轉，春餅來到台灣後搖身成為眾人口中的春捲，特別是在南部的本省家庭裡，受寒食節影響，清明左右避吃熱食，按傳統閩南習俗在農曆三月三號祭祖掃墓後，備些水煮涼爽菜料來吃的風氣仍盛。春捲在台語稱之為「潤餅告」，告字說來生動無比，意指將菜料捲裹進餅皮裡；不比現在街頭五花八門的選料，生活在那個貧困的年代，必放的是水煮三層肉片、煎香腸和一些蛋菜，有時還得憂愁無法周全張羅，但水燙的豆薯、蒜苗、芹菜珠和皇帝豆則是缺一都不可；在燙豆薯的水裡簡單打幾顆蛋，下些剌瓜仔，就變成好喝的配湯。

但畢竟細節準備起來太過繁瑣費時，如果有時突然想滿足惱纏不休的口慾，跳過這些切切煮煮，直奔高雄捷運美麗島站大圓環旁近 70 年的「三代春捲」還比較快些。他們的春捲菜已調整進化，豆乾條用菜脯炒過，特別香、蛋皮鬆軟、上頭疊進的爽口高麗菜水分已經被充分瀝乾，再壓些豆芽、點綴些青蒜和幾片嫩口的薄三層肉片和香腸，灑上土豆粉和糖霜，模樣特別討好，看著阿姨兩手熟稔的將菜料掐進自製服貼又彈韌的餅皮中，先折後捲，最後收成飽滿的細長型，收尾前帶上一抹畫龍點睛的特製蒜蓉辣椒，一口咬下，爽揚的滋味在舌尖打轉，吃來滋心潤肺，春氣在肚中盤旋，男生要是想戰他個三四五捲那是絕對不成問題。

三代春捲
新興區中山橫路 1 號
(07)285-8490
09:30 - 18:00（一個月休 3 天，不固定，請電洽）
高捷紅線 R10/ 橘線 O5 美麗島站 1 號出口前。

這裡是激烈競爭的一級百貨戰區，他們依然安穩的維持住自己經營的節奏，不萌生太多花俏念頭，花俏就留給店裡吃羹的那些高跟鞋們。

「孬味」可是一點也不孬，
這向玉帝真主請示過的名字，裡頭洋溢北港風情。

位在三多和文橫路口的「孬味」，60 年來，就算受到文橫路夜市街興起的挑戰，至今仍堅持只賣香菇赤肉羹這簡單一味；別看店內擺設樸素，常常有老董級的饕客占據小椅與你比鄰而坐，端上陽春小桌的肉羹味道可是一點也不陽春。常常客人閒晃而過，會被這逗趣的店名打中目光，原來這是老闆父親在多年以前向甲仙的玉帝真主請示後更改的，雖說不上是否真有幫助，但小店在家人間互相扶持下一路走來倒也平穩順遂。

肉羹洋溢北港風情，依循古法多加扁魚入湯，提出了肉鮮，肉香海鮮香，口感加乘；醬油則讓湯色更加飽滿黑亮。主角赤肉，顧名去肥留瘦，每天現宰的溫體豬後腿肉，快速用手工切絲，不破壞肉塊紋理，只見老闆在店角一隅賣力的將醃好的大鍋肉絲依序下鍋汆煮，醃好後要先冷凍將肉汁鎖住，煮之前再解凍，鮮嫩的肉條在湯裡浮沉，肉新鮮，入口的感覺就是甜美。扁魚酥和香菇絲確實發揮了提鮮作用，讓羹湯喝來不膩口，最好能點些醋，吃辣的加些辣椒，讓口感層層上爬，加麵、加飯、加米粉都不用加錢，有些客人會直接在隔壁叫籠小籠包一起搭著吃。

孬味香菇赤肉羹
苓雅區文橫二路 1-1 號
(07)331-6773
11:00 - 23:00（一個月休 4 到 5 天，不固定，請電洽）
高捷紅線 R8 三多商圈站 5 號出口，往興中市場方向，步行約 3 分鐘。

如果到高雄想吃傳統的赤山粿，
口頭探問地方耆老，多半都會提到「尤家」。

如果到高雄想吃傳統的米粿，口頭探問地方耆老，泰半都會告訴你走一趟鳳山的舊社區「赤山庄」；赤山位在鳳山最北端，早期從縣城出北門往繁華的府城方向延伸，這裡是路程上必經的大米庄。庄民多務農營生，每半年收穫一次米糧，採收後空出的大把農閒時間總得打發，家家最充裕的資產就是稻米，於是開始興灶、炊米、做粿，幾乎庄裡人人會做粿，消磨了時間也補貼家用，特別是入冬酬神到農曆春節前的這段時間，需求量大，忙碌異常；加上鄰近客家人聚居的寶珠溝，義民廟前市集裡客家粿食琳瑯滿目，透過口耳交流彼此的做粿祕訣，而曹公圳的完成也讓鳳山的水稻耕作更加蓬勃發展，年尾累積了豐收米糧後，取用兩口有兩百多年歷史的龍目古井的甘美泉水，赤山粿的種類越來越多，幾十年讓這裡始終保持著「粿庄」的美名。

赤山粿其實是個通稱，鹹粿甜粿皆有，最開始，赤山人挑擔沿著下淡水溪鐵道往高雄或屏東沿路叫賣，後來才開始設小攤，「尤家」的粿有人一吃就是好幾代，每天早上七點，天剛亮，路邊小攤擺桌，各式粿糕陸續出爐，鹹油蔥肉粿、草仔粿或芋粿曲當早點，再帶點風味獨特的九層粿、雙糕潤、或桂圓紫米粿回家喝茶，或來幾個紅龜或發粿祭神，老闆娘說，小時後就得晨起揉著惺忪睡眼幫忙做粿，滾完米糰子才去上學，以前的人是為了吃飽，現在反倒變成了時走的細休仔。

熱情爽朗的老闆娘，總會不吝嗇的把每種粿都切一點讓人試吃，特別是從外地過來，邊吃還能邊聽到做粿背後精采的人情故事。

時走：台語意指流行、時髦。
細休仔：台語意指小零嘴。

尤家赤山粿
鳳山區鳳松路 49 號
0910-676626
07:00 - 12:00(週一公休，如遇農曆初一、十六則順延)
高捷橘線 O12 鳳山站 1 號出口，東行光遠路往鳳松路方向，步行約 20 分鐘。

073

古味
甜鹹小燒餅

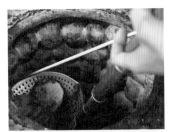

嘴裡塞進「古味」鮮香的小燒餅，
心裡燃起一種即走即吃、小確幸般的滿足。

來到市郊的本館路上，記得到文明巷邊的「古味燒餅店」帶幾個燒餅走。這裡的燒餅係純用手力揉製而成，阿姨們就著一小工作檯四方賣力的擀，從揉麵到搓酥、擀餅到烘烤，不畏等待的簇簇人頭，餅要燒得酥香脆爽，那就得按部就班。

　　門口幾個大爐炭火燒得華美艷紅，一顆顆的餅坏緊貼爐壁內側，加蓋、熱氣開始作用、均勻的循環加熱，只見大哥身手俐落的在炙燙爐壁間穿梭，時間到了、掀蓋、用長叉將一個個玲瓏酥餅迅速鏟起，一會兒時間，鐵盤已堆得像小山高，迅速在小透明櫃裡按口味做分類，等待有緣人招領。巴著壁火烤出來的燒餅吃在嘴裡就是多了份炭烤的酥香，而且不油，餅有甜有鹹，小甜燒餅白糖和芋頭口味幾幾乎是秒殺，一剝開，糖飴是用流的；鹹口味主打蘿蔔絲，拌入蔥油或吃素朋友能吃的香椿，燒餅層層疊疊，多了蘿蔔甜味點綴的燒餅，多花點時間等待也甘之如飴，就愛等著那塞進嘴裡時四溢的鮮潤芳香，即走即吃、小確幸般的滿足。

好像吃久了就會有神奇第六感似的，大家都能精準感應燒餅出爐的時間。搶到餅，真的，一定要現場趁熱大快朵頤。

古味燒餅店
鳥松區本館路文明巷 17 號
(07)370-5150
07:30 - 18:00（週一公休）
高雄輕軌 C28 高雄高工站，租賃公共腳踏車前往，約 5 分鐘。

074

方家
雞蛋酥

紅豆

雞

唱完一首台語歌
就能免費換取一塊「方家」的雞蛋酥，
緊來，緊來。

大連街，是高雄市著名的皮鞋街，在中段處，有個下午準時出來擺攤的雞蛋酥，那酥香味簡直是一波一波的在街頭飄散，只要路過實在少有人可以抵抗，特別是在那昏昏沉沉嘴饞的午後。「方家雞蛋酥」創始於民國47年，最早是在當時熱鬧的哈瑪星一帶攬客，從報關行的小姐到剛卸完魚貨的漁民，都喜歡來上一塊他們的雞蛋酥解饞。哈瑪星沒落後，工人都被帶往新起的前鎮漁港，於是才輾轉到皮鞋街落腳。開朗的方老闆喜歡想花樣與人結緣，以前只要小朋友考100分就能來免費領一塊酥餅當獎勵，現在改了，攤子前的小立牌寫著「唱台語歌可以換雞蛋酥」，提倡大家學說台語。

這種在攤頭現做現炸的小點心，就是要趁熱吃，最怕的就是起鍋時來客量銜接不上，冷掉後可怕的油餿味在嘴裡停留，但這裡幾乎是從下午三點多開始一路到收攤，客人都沒斷過，吃到的總是熱騰騰。採自助式、自己找錢、自己打包，紙袋上蓋著每種口味的戳章，等輪到你，自己拿夾子，紅豆、雞蛋、花生及蔥肉咖哩，自己挑。外酥內軟的口感，還帶著淡淡的麵糊香，皮酥來自拌糖和下蛋的量，量要夠，色澤和香氣就會出來。濕潤的花生餡和蔥肉星星點點的咖哩最受歡迎。可能是台灣人太害羞，甚少遇到有人唱歌換餅，那天在大馬路上唱了愛拼才會贏又唱故鄉，老闆笑開懷，送了我兩個。

方老闆很熱衷跟客人話家常，有時也會高歌個幾句，擀麵糰炸酥餅留給請來的阿姨們去忙，自己在攤子邊轉阿轉，轉得整攤縈繞歡樂與酥香。

方家雞蛋酥
三民區大連街 131 號前
0917-117091
13:30 - 19:00（賣完即休息，公休日電洽）
高雄火車站後站 或 高捷紅線 R12 後驛站 2 號出口，往高雄醫學院方向，步行約 10 分鐘。

自在小攤原隱姓埋名，仍舊發光。

來自日本的紅豆餅，是和菓子中的生菓，最早起源於江戶時期神田附近的今川橋邊，因此被稱爲「今川燒」。做法上先將烤盤預熱後輕刷薄油，快手把粉漿填進銅盤上一圈一圈的小巧凹槽裡，只要木炭火的文文燒烤，待麵糊定型，續用削扁的竹片將砂糖豆料理出的甜餡刮入，因爲底部怕焦，加上要讓兩面平均受熱，因此需要不停的上下玲瓏翻轉，故又別名「回轉燒」，一開始在日本只有紅豆餡、菜豆餡和卡士達奶油，日治時期，跟著殖民文化漂洋過海一起來到台灣，落地生根後，反而成了現在街頭巷尾的台式尋常點心，然台灣人看這躺著的餅像是可愛小車輪，更愛叫它「車輪餅」，或更乾脆一點，就直接叫「紅豆餅」。

富國路上的這攤紅豆餅，原本沒有名字，然因爲餅皮較外頭香脆、風味特別，客人一試成主顧後老喊著這的餅眞是不一樣，於是有了這逗趣攤名。中年就業的老闆娘，剛開始是用平底鍋試煎成類似古早味的石頭餅給家人解饞，信心有了，小攤車組好，遂帶著手藝開始與客結緣。每天獨自早起煮料備料，小額、限量、但新鮮，下午出來，傍晚賣完就收攤。粉漿用全蛋去調，另加入鮮奶，一口咬下，沒有糕體常見又濕又厚的惱人口感，糖褐色的薄脆餅皮反而帶著一股焦化後的鬆香；當家的紅豆餡，貨源穩定來自屏東萬丹，分量飽足卻不甜膩，自創的紅豆牛奶餡更是巧思之作，鮮奶軟化豆泥添加了層次，隱藏版吃法是放進冷凍室約半小時，竟萌生吃銅鑼燒的美妙錯覺；而有別於常見暗沉色的惱膩黃餡，這的鮮奶油餡係用南部牧場鮮奶和安佳奶油，用文火慢慢熬煮人工攪拌直到固化，不管色澤或口感都是清亮滑膩。其他像是芋頭蕃薯、花生、芝麻、黑糖麻糬、奶酥等口味也都令人糾結難選。

‧附註：因店家私人因素，高雄店已結束營業，前往屏東旅行，可前往潮州鎮姊妹店品嚐。

紙袋上戳好了一個個的氣孔，讓餅皮不因時間拉長遇冷而變得軟爛，烤餅也照紙袋上的口味排序好，都是極其體貼客人的小動作。

不一樣紅豆餅

屏東縣潮州鎮太平路 9 巷 3 號（樂活藝術家對面）
0980-197203
14:00 - 17:00（週六、週日公休）

076

牛老大

涮牛肉

「牛老大」改良了拿碗用熱湯沖肉的吃法，改用涮的，效果反而更好。

在南部，溫體台灣牛現宰現吃已有數十年的歷史，最初得回溯到台南。台南人將新鮮牛肉片好放進碗中，用滾熱高湯沖熟後，肉片在嘴裡甜美的化開，「牛老大」的高老闆因緣際會，把這吃法帶來了高雄。南部屠宰場做法，肉不分部位一律是秤斤論兩的賣，創業初期，高老闆總親自到台南盯場，從屠宰、辨肉到選肉事必躬親，油脂肥美的五花肉僅占一頭牛的1/6，包含了台語說的肩胛肉、中肉、葵扇等部位，隨著店裡好口碑把量衝大，肉商總把最好的部位都留給他。

一開始，一樣採碗裡沖熟的吃法，但心細的高老闆發現，客人常把整坨肉一起沖，但有時吃個幾片和朋友喝酒聊天後，那先後入口的秒差已讓剩下的肉片口感變老，因此改良成一口涮肉的吃法，吃多少，涮多少。此外，為了取得最新鮮的溫體牛肉，先和屠宰場協調宰殺時間，每天傍晚5點和晚上9點半二趟，產地直送高雄唯二的兩家直營店，然一開始整大塊卸下後常常因肉本身內部的熱氣散不掉，而在運送過程自然熟化，產生的酸味壞了肉鮮，因此他又動腦將肉再分切成六小塊，請運將在計程車上開冷氣一小時內速送高雄；新鮮的溫體肉塊吊起來不會生水，水會把甜美肉汁帶走，肉在室溫中是最好吃，但高雄天氣溽熱，肉必須鋪濕毛巾冷藏保持水分，待客人點餐，再請師傅手工現切。湯大滾後，一口的量，涮3秒就起鍋，肉還暈著怯生生的粉紅色澤，入口即化！此外，用了近40斤碎肉、番茄、鳳梨、芋頭等熬出的高湯則是越涮越甜，喝幾口，湯底餘韻也不禁在嘴裡熱鬧喧騰起來。

每涮一次肉，肉汁就流進鍋裡一點，涮得越多湯越甜美。不吃鍋，用新鮮牛肉下鍋快火爆炒的熱菜也大肆在爭搶關愛的眼光。

牛老大涮牛肉
前金區自強二路 18 號（一店）/ 自強二路 104 號（二店）
(07)281-9196 / 272-0006
11:30 - 14:00 / 17:00 - 02:00（週一公休，二店營業時間 17:00 - 24:00）
高捷紅線 R9 中央公園站 2 號出口，穿過中央公園往愛河方向，步行至總店約 10 分鐘。

077

舊市

帶皮羊肉爐

來到岡山，想吃羊肉爐，
第一個和最後一個想到的都是「舊市」。

鄰近高雄市區的岡山仗著地利之便，土產羊肉已風靡了不知多少春秋，攤開鎮上地圖以此為業者四方比武交手，位在省道旁河華路上已近 80 年老店「舊市羊肉」，已傳承三代現宰現吃的溫體羊仍是許多人口袋中的首選。創始人蔡天慶阿公起初經營羊售買賣，後與朋友在岡山第一市場（又稱舊市場），擺攤賣起現宰溫體羊肉，小攤初始只賣簡單幾樣拿手熱炒，配著羊肉米粉炒，有些客人甚至喜歡一早帶根油條來配剛燉好的肉湯；三代蔡老闆回憶起那時阿公會親自到阿蓮和小岡山的牧場去挑母羊，牽回的山羊，阿公會就近向舊市小販要些玉米葉、拌進黃豆渣和浮萍，幫吃草的羊兒加菜。那時，自家小羊圈就是最好的教室，阿公仔細教授屠宰細節，蔡老闆和姐姐從小就不怕刀，現在每天固定現宰兩隻活羊，看著他在店前小檯邊上利索的切骨、卸肉、刮油，好刀工可都是從小耳濡目染的累積吶。

溫體羊肉的口感是進口冷凍綿羊肉無可比擬的，粉嫩、多汁、毫無腥羶臊，甜美程度幾與牛肉無異；白片煮法，最能突顯這優勢，拿里肌和腿肉部位片肉，循白水汆燙至八分熟，趁著仍是嬌滴粉色還帶著油花時速速蘸點豆瓣醬佐些薑絲，入口不久就化開了。帶皮羊肉爐也好吃，用家傳中藥包來燉高湯，湯頭清雅，羊肉極嫩口，那層厚皮極其彈滑筋道，因為肉鮮所以不需用過重的藥膳來壓味，嗑完肉最好是連骨頭上的肉渣都別放過，最後再補上一口順勻醇厚的湯汁。涼拌羊肚、沙茶羊肉、羊油麵線和滷羊腳也都好吃。兩頭羊賣完，就休息。

現場看笑咪咪的蔡老闆切肉，哪裡要施力，哪個關節處要下刀，怎麼切才不會破壞肉的紋理，他都完全不必再思索，傳說中笑裡藏刀的華麗解構。

舊市羊肉（創始老店）

岡山區河華路 111 號

(07)625-8151

11:00 - 20:30（公休日電洽）

騎車或開車為佳；高捷紅線 R24 南岡山站，租賃公共腳踏車前往，約 20 分鐘。

078

555
薑母鴨

時不時「555 薑母鴨」店裡的桌椅
就會滿爆到慢車道上，
不知情的人會以為在辦桌。

入多，坊間蟄伏許久的藥膳館子都開始蠢蠢欲動，特別是國人愛吃的薑母鴨，大紅燈籠、香郁菜料、喧騰人聲、一鍋燒到沸暖的老薑爐水湯，鴨肉豆腐裡頭浮沉著。接上省道，進高雄市區後右轉十全路，在與哈爾濱街的交叉口，創立已逾 40 年的「555 薑母鴨」一年四季店裡總是熱鬧滾滾，特別是寒流來襲時，桌椅滿到外頭慢車道上，鼎沸人聲，不知道的人還以為在辦桌。

大紅燈籠垂掛屋板，光線暖食物也跟著暖了起來，這裡雖有多種藥膳鍋可選擇，但幾乎大家都是為了薑母鴨而來。鴨肉係選用俗稱「番鴨公」的紅面番鴨，小鴨於立春到白露間盛產，以提供冬令時節的大量消耗，皮薄肉嫩；老薑也是鍋裡的靈魂，每天四點半開店，師傅從奮勇的大鍋拌炒開始忙，下老薑、炒好中間騰出個洞下中藥粉，融化成讓藥湯的色和味都確實巴上薑片，中藥能緩和客人吃到辛辣老薑時升起的燥熱，接著入黑麻油、米酒和鴨肉原汁熱煮成高湯。鴨肉先炒到 8 分熟再入燜鍋 4 分鐘，高壓能讓甜美的鴨汁被徹底鎖在肉裡；鴨肉多汁不柴、湯頭甘甜不嗆口，微甜微辣的腐乳蘸醬是上一代傳下的配方，稱職的帶出鍋料的美味。鍋料琳瑯滿目，特別是鴨肉丸、凍豆腐、鴨血糕和茼蒿，只見各桌不停追加，溫潤高湯也是續了再續，味道雖越發濃郁，卻不見嚇人的藥味。等鍋時先點盤用鴨油拌蒜酥好吃極了的麵線來墊墊胃，胃暖了，剩下的就是等待薑母鴨鍋來撐起這華美的夜了。

特別是超強寒流來襲，不耐寒的高雄人就會蜂擁而至，和朋友相聚吃鍋也連絡感情，但就算夏夜炎炎，也偶爾還是想過來和親愛的番鴨們打打招呼。

555 帝王藥膳食補

三民區十全二路 109 號

(07)321-1307

16:30 - 01:00（公休日電洽，夏季人少時會提前到 00:00 休息）

高捷紅線 R12 後驛站 1 號出口，沿十全二路往中華路方向，步行約 7 分鐘。

079

劉家
酸菜白肉鍋

「劉家酸白菜火鍋」
不管周圍眷村如何的岌岌可危，
它依舊老神在在原地飄香。

看著白鐵鍋裡炭火猛烈的燃燒著，滾燙的湯汁急竄出裊裊白煙，在冷空氣裡瞬化出一團溫暖，相邀親友們圍聚鍋邊大口品嚐酸菜白肉，用這種方式迎接冬季降臨，怎能不叫人幸福甜蜜！拐進嚴肅的左營海軍軍區，沿著介壽路走到路底，彎進那深深盡頭，一家開業在中正堂旁原軍官俱樂部舊址上，已近 60 歲數的風味老店「劉家酸白菜火鍋」，不管周圍眷村是如何的岌岌可危，物換星移後，鍋爐依舊會老神在在的原地飄香。

到劉家必點的當然就是酸白菜火鍋，肥厚甘甜的白菜被挑選後，對半生切、切細的菜絲水分瀝乾後直接入缸，以獨門的陳年老滷水讓菜自然發酵，醃漬時除了抓鹽，關鍵是還要加入高粱酒一起，發酵過程絕對不能碰到半滴油也不放嗆鼻的醋；以高雄的氣候來抓時間，冬季醃上 5 天夏季 3 天為佳。這裡的醃白菜帶著天然溫和的酸香氣、甜脆又帶點微嗆的口感，深受許多饕客愛戴，上桌前鍋子已幫你燒熱，熱氣在煙管裡奔竄，鍋底已鋪滿白菜，接著放入丸子豆皮豆腐餃類，環鍋加進雪白肥嫩的豬肉片，淋上用大骨和全雞燉熬的高湯，等湯面一開始啵啵作響、肉片釋放出粉潤的油亮，就能大快朵頤；整鍋擺滿料的方式比較偏向南方吃法，北方人喜歡涮肉。麵點也受歡迎，捲餅顛覆一般甜麵醬和蔥段的搭配，夾入美生菜和用紅燒牛肉汁煮出的沙拉醬來調；還有還有，別忘了那必嚐的披上冠軍彩帶的紅燒牛肉麵。

餐廳一隅，員工正監控著數十個燒紅炭爐，那是讓鍋好吃的其中一環，工業用風扇吹得爐底的炭塊們個個早已是火冒三丈。

劉家酸白菜火鍋（創始老店）
左營區介壽路 9 號中正堂旁 (一館)
(07)581-6633
11:00 - 14:00 / 14:30 - 22:30(全年無休，除夕休半天)
高捷紅線 R16 左營高鐵站，租賃公共腳踏車前往，約 15 分鐘，開車為佳。

面對北部各家各味風風火火，
來高雄，有「老四川」這味就夠了。

可能有些人看到這篇會覺得很作弊，麻辣火鍋，怎麼能算是高雄的特色美食，然「老四川巴蜀麻辣燙」這家遵循四川古法、發跡於哈爾濱的火鍋店，引進台灣後是真真正正的從高雄出發。從一家小店做起，幾年下來，現在想吃如果沒先訂位，得在南部尤其夏天如此溽濕燥熱的天氣下等待，那可就真是要為難自己了；翻開高雄麻辣鍋的一頁歷史，大部分的高雄人都是在七賢路上尋求視野、也獲得啟蒙，四川人在巴山蜀水下吃辣鍋是為了逼汗抗潮去濕，台灣人把它當成時髦社交的意味多些，面對北部各家各味風風火火，來高雄，有這家就夠了。

走進老四川，迷人的香料氣撲鼻而來，味道係來自那鍋滾滾豪情的紅湯。巴蜀麻辣燙強調「三香三椒三料、七滋八味九雜」，熬湯的工序複雜，師傅得在爐邊一刻不離的守候，湯頭辛麻、滋味從喉頭竄上腦門時、暢快療癒，鍋底的鴨血和豆腐純手工製作，吸飽了滷汁，入口時辣水被擠出在齒間細細的澄瀝，吃完再續；鍋料的表現同樣相當得體稱職，特別是被滷得透徹的滷水拼盤、大腸頭、肉片、手打漿丸子也都精采。辣鍋再香但不能全把食材該有的鮮味蓋掉才是最好，針對台灣人吃鍋喜歡喝湯的習慣，白鍋是在台灣自行研發出的口味，用豬大骨和中藥配方熬製 48 小時、上桌前再加入荳蔻、紅棗、黨參等藥材，乳白湯汁濃醇順口，涮完料後變得更鮮更甜了。吃鍋之前，記得先嚐點川味涼粉，調味中融合了辣椒和蒜醋，再灑上大把花生米，粉條爽滑，是四川道地的涼菜。

湯底的鴨血和豆腐續加和打包時分量都給得落落大方，店員的服務內容也恰到好處，歡宵一夜後有把握自行應付好隔天晨起時的肚子就好。

老四川巴蜀麻辣燙
鼓山區南屏路 589、591 號
(07)522-5256
11:30 - 01:30
高捷紅線 R13 凹子底站 4 號出口，沿至聖路右轉南屏路，步行約 5 分鐘。

大胖

豬油拌麵・海味黑白切

離開了新樂街行人徒步區的範圍，往壽山的方向走，三姐弟齊心幫媽媽撐起店面，吃麵也可以叫杯檳榔攤的古早味紅茶來配。

傳承了三代，
是午夜裡街上的耀眼星光，老客人們緊緊追隨。

在鹽埕埔，隨便鑽進哪條巷子裡你都有可能和某攤美味小吃不期而遇，而新樂街堪稱是這網絡的最核心；沿街的巷弄裡大牌小吃不少，謂之大牌係以媒體曝光度來下定義，然而無牌卻美味的小店亦多。無牌可能是不願曝光，也有些是真的沒有招牌。沿著新樂街行人徒步區往新興街方向，街口左邊有間不起眼的三角窗，騎樓下有個看似尋常叫阿看的檳榔攤，入夜後裡頭店面賣著噴香的豬油乾拌麵；曾經傳承了三代仍舊未起店名，2015 年終於為了緊緊追隨的客人們，正式起名為「大胖豬油拌麵」。

麵攤旁還能看到老式冰櫃，無通電的設計仰賴每天人工下冰好維持各式切仔料的鮮度，這能有效防止食材裡的水分被吸乾，確保口感的潤滑多汁。招牌的乾拌麵沿續了傳統做法，摻了雞蛋的麵條色澤飽滿黃潤，經汆燙迅速撈起後，僅用豬油和一些特製的古早味醬料調味。第三代的大女兒拿筷拌麵的動作俐落，味道順勻，最後騰進豆芽韭菜和赤肉片，香濃的滋味真是一吃難忘。通常會就著骨肉湯或餛飩湯搭配著吃，骨肉湯吃到的是從大骨旁刮下來剪成的細碎肉塊，帶點肥肉和軟骨，風味獨特；餛飩湯則每天限量販售，因為他們堅持每天人工現包口感最好，唯獨偶爾有空閒時，會接受客人現點現包，感心的人情滋味。

大胖豬油拌麵
鹽埕區新樂街 229 號
0958-128881
17:00 - 00:30（公休日電洽）
高捷橘線 O2 鹽埕埔站 2 或 3 號出口，沿新樂街，步行約 5 分鐘。

082

黑乾

溫州餛飩・
紅油抄手・炸排骨

在「黑乾」邊吃溫州餛飩，
也邊吃進那個新樂街人車雜杳、繁華如夢的年代。

隱身在大舞台戲院對面菜市場底，新樂街 242 巷口的「黑乾溫州餛飩」，小名黑乾的創辦人許老師傅至今仍偶爾坐鎮店內用他近 70 年的好手藝與客結緣。優雅的身手，不消半刻即把眼前的粉紅肉餡利索騰進餛飩皮裡，接著從容用木柄來回三四次將口收齊疊進盤中，收放之間，餛飩像極了一朵朵待放的蓮花。他邊煮邊說起故事，世代交替下，在黑乾師身上我們好似還有幸能看到那個新樂街人車雜杳、繁華如夢的年代。

這裡的餛飩口味道地純正，民國 38 年，他在高雄的浙江溫州同鄉會一個專門談吃做吃的俱樂部，初次接觸到了溫州餛飩，後來他從學端麵的學徒幹起，每天往返於新樂街和當時鹽埕最大的中央別館和榮昌旅社，為入住的客人送麵，接著大新百貨設立，週遭電影院如春筍四起，逛街的人多了，他端麵端到近乎手軟卻苦無理餡的機會，師傅當時只丟給他一句話：求功夫，心不要急。他說他花了整整 30 年才慢慢體會箇中的涵義，而對我們這班貪吃好吃者而言，對於師傅娓娓道來的體會，就是餛飩做得精準、有味。肉餡只挑溫體豬後腿肉，經拍捽，簡單以鹽提味後用手攪揉而得，吃起來卻特別鮮甜彈口，搭配的麵條 Q 彈筋斗，係來自新樂街已合作 60 年老製麵舖子的上乘之作。餛飩做點變化，紅油抄手香辣不油膩，辣度完只用永豐行的雞心辣粉來提，輔以蔥花薑絲，味鮮料美。炸排骨也可一試，新鮮排骨肉經拍捽後，僅沾吻鹽水裹少許蕃薯粉下鍋油炸就簡單有味。

雖已交棒給家中爭氣的少年郎，黑乾師總還是三不五時就會過來巡巡看看，就算這區域早已凋零，但他的餛飩依然嬌美如花。

黑乾溫州餛飩
鹽埕區大仁路 213 號
(07)561-8422
16:30 - 00:30(公休日電洽)
高捷橘線 O2 鹽埕埔站 2 或 3 號出口，往建國路方向，步行約 10 分鐘。

083

阿囉哈

乾吃滷味

他們的滷味十足噴香,許多年輕人喜歡帶一大包走,連著幾手冰啤酒,開車夜衝西子灣的長堤邊吃邊看夜景邊吹海風。

由第一代洪治老先生創設的「阿囉哈滷味」, 以熱滷涼吃的乾爽滷料風靡高雄。

由第一代洪治老先生創設的「阿囉哈滷味」,以熱滷涼吃的乾爽滷料風靡高雄 70 多個年頭,剛開始原是在瀨南街的金城大戲院旁經營舶來品生意,順道兼賣些唰嘴滷菜給看戲的客人,沒想到最後自行研發的中藥滷包口味大受歡迎,遂將祕方傳承給女兒,也就是現在的頭家嬤盧洪操女士。戲院衰敗後,阿嬤轉移到鄰近繁華的大溝頂集中商城續賣,並開始增加滷味的品項,縱使現今溝渠早已被填平,家傳手藝開枝散葉,但有阿嬤坐鎮的老店卻依舊吸引著新舊朋友循香而來。

他們的滷味所以出名,關鍵就在那鍋陳年的老滷汁。由十多種中藥材按比例製成滷包燉滷,輔以甘草和冰糖提甜,特選的辣椒也間接提振了香氣,依據滷料不同,每樣燉滷的時間和吃進去的濃度都不相同,清晨開始處理當日進貨的食材,事先滷好放涼,讓亮閃閃的焦糖色醬汁徹底附著,經由老滷的催化,這裡的特色就是越放會越好吃,口感濃烈噴香。俗稱「口香糖」的鴨腱腸是店內招牌,去膜汆燙後先滷後拌,再灑些勁麻的古早味胡椒,脆爽的口感讓人一吃就上癮;好吃的手工鴨米血吸飽滷汁呈現出濕潤的咬感;樓梯就是蘭花干,炸酥後泡水去油再浸滷,攤上滷料一眼望不完,看似做法都簡簡單單,實際上程序都費時費工,在客人一口咬下時盡顯無窮風味,超人氣的鴨舌頭、豬雪花、鴨頭鴨翅也都是必吃。

阿囉哈滷味(創始老店)
鹽埕區大仁路 158 號旁
(07)561-6611
13:00 - 23:30
高捷橘線 O2 鹽埕埔站 2 或 3 號出口,往七賢路方向,步行約 10 分鐘。

「大ㄎㄡ胖」
是熟門熟路的老客人來這吃碳烤三明治時，
對他們最親暱的稱呼。

三明治是個再簡單不過的東西，幾乎到處都在賣、也天天有人吃，連鎖早餐店或咖啡館氾濫的賣起各種形形色色的花俏樣式也早已是見怪不怪，那到底是什麼因素，讓這間原大智路上、一賣逾 60 年、已傳承二代的老店「大ㄎㄡ胖碳烤三明治」，仍舊屹立不倒，遷移至大公路後，排隊時間不減反增。

大ㄎㄡ胖，是熟門熟路的老客人對這親暱的稱呼，親切、好記，因此也就沿用了下來。特別是早餐或宵夜時段，高雄人總會想繞過去帶幾個走，解解嘴饞，就算大老遠的從市中心專程跑過來買，與羅織的遊客並肩等候搶食也無所謂；現點現烤，吐司被放在用小炭爐燒得炙熱的烤肉網上，老闆用手俐落的來回翻面二到三次，十秒就要離火，表面會烙出如條紋般略略焦脆的黑線條，吐司裡此時已縈繞著炭香。趁麵包還硬挺，阿姨們熟稔疊進繽紛荼料，火腿片、小黃瓜、蛋被豬油煎炒得油潤芳香，吐司輕輕的抹上了一層自製的美乃滋，不加防腐劑，兩天就要用完，和外頭甜膩的做法相比，這裡的美乃滋口感甜中帶酸，那是加了白醋的功勞，卻與荼料味道意外契合，拿到手後建議在店內找個位子趁熱直接就咬了，配一杯古早味的紅茶豆漿。

都是些簡單的配料，但湊在一起攝人力道十分威猛，很適合帶老外朋友來嚐嚐，有點西食中吃的味道。

大ㄎㄡ胖碳烤三明治

鹽埕區大公路 78 號 (近七賢三路交叉口)
(07)561-0262
07:00 - 10:50 / 18:00 - 22:50（公休日電洽）
高捷橘線 O2 鹽埕埔站 2 或 3 號出口，往七賢路方向，步行約 10 分鐘。

FIFTY YEAR 50年

杏仁茶・沙拉堡

「50 年杏仁茶」仍保留了相逗市的經營型式，入夜後常是高朋滿座。

在鹽埕埔飄香已 70 年的「50 年杏仁茶」，一開始還只是個沒有招牌的小攤，遠在六合夜市興起前，舊堀江商圈裡瀨南街的後半段是個從早到晚熱鬧不歇的 24 小時市集，特別是夜市。那時隔壁七賢路上滿滿酒吧，美軍俱樂部也在這，玩樂完的酒客與軍官都會走來這找小吃填肚子，老老闆創業之初僅僅單賣杏仁茶和豆漿，餓了就配著攤上夾進小黃瓜、火腿片和水煮蛋的沙拉堡吃，那時的美軍喜歡在熱杏仁茶裡沖顆蛋，加幾大匙糖。

小攤子茶香逐漸飄出口碑，早期做杏仁茶都是克難的用米袋來濾渣，燒熱的汁水常常從縫隙噴濺出來，二代老闆娘從小看著父親常因邁力工作而被燙傷；所幸，她沒被嚇著，這款古早味茶飲才得以代代傳承。市面上味道過香的杏仁茶多半加了香精，這裡的茶是南北杏的混合，香氣主要來自北杏，北杏帶苦，南杏雖甘甜又潤肺養膚，但香氣不如北杏，故取其各自巧妙，如單用北杏，下再多糖苦味都會壓不下來；先泡水，手工脫去杏仁膜後與泡好水的米一起磨漿，如今仍用傳統大灶來煮，大灶熱氣足，受熱平均，因為粉漿不耐久煮易生焦，煮好得燜，得趕緊接著冷縮快速冰鎮起來。店內保留了以前「相逗市」的型式，即台語中兩攤小吃共租互養一個店面之意，隔壁攤賣乾麵，二邊互營共生，這裡半夜常高朋滿座，喝碗杏仁茶配油條再吞個沙拉堡，或點塊杏仁豆腐解夏，都是極好的。

宛如倒醬糊般涓涓入鍋，茶香盈滿了空氣，大半夜的，小情侶們看完電影來這續攤約會，感情就像那杏仁茶，又稠又黏。

FIFTY YEAR 50 年杏仁茶
鹽埕區瀨南街 223 號
(07)531- 4979
18:00 - 03:30（週日、週一公休）
高捷橘線 O2 鹽埕埔站 2 或 3 號出口，往七賢路方向，步行約 10 分鐘。

70年的左營老店「汾陽」，在埤西巷入口處賣起那大江南北都愛吃的玲瓏餛飩。

「汾陽」是間約70年的左營老店，就位在熙來攘往的左營大路上，第二公有市場埤西巷入口處。賣著現包現煮的餛飩，晨起去哈囉市場買菜的眷村媽媽們、逛完一圈蓮池潭的遊客、剛下課的左中學生、收假前在大街上流連的軍人，大江南北的匯聚到這喝起那一小碗湯，坐下來，其實根本也不花太多時間。

長型的店面，在埤西巷口架起鍋爐，一群店裡的阿姨們現場手工包製，動作俐落，不一會兒，盤子裡已疊滿姿態玲瓏的小巧餛飩，光看，就覺得可口極了，點畢，阿姨們圍著鍋爐雙邊火力全開，下餛飩，拿著大杓交錯確認著熟度，生餛飩白裡透紅，薄透外皮不因浸煮在湯汁中走糊，掐進的肉餡味道鮮腴，湯裡襯了點榨菜，汾陽只有單一餛飩湯的選擇，無法加麵或配飯，內用的話他們有個自己的特殊吃法：加顆半熟的水煮蛋。被搓破的稠滑蛋液會緩緩流入湯中融合一片，肉香蛋香，吃法饒富趣味。對面就是可口的金華酥餅，也是小點心，但點完大半都需要等上一段時間，這時來對面喝碗汾陽的餛飩湯殺殺時間，蠻好的。有盒裝的生餛飩可供外帶，每盒皆附一包榨菜，方便在家自己下麵來吃。

埤西巷也是一條躲在左營鬧區裡的神奇小巷，裡頭美食匯集，除了餛飩和小酥餅，老施的肉燥飯和鳳鳴亭飲食店也頗受一些人喜愛。

老左營汾陽餛飩

左營區左營大路84號
(07)588-7000
06:00 - 00:00
高捷紅線R16左營高鐵站，租賃公共腳踏車前往，約15分鐘。

「大木櫥滷味」，多年來，
始終點亮紅燈籠、打開小櫥窗，等著與客結緣。

相較於北部常見濕吃的加熱滷味，南部不知是否因
為天氣的因素，滷透後涼吃的乾滷味頗得垂青。
相較於用甘蔗或冰糖煙燻出的滷菜攤，這裡洋溢淡雅中
藥味、打包前再騰進醬汁和酸菜的吃法，也十分帶勁開
胃。來到六合路與尚義街口的小小騎樓下，攤子前總是
滿繞機車與人潮的「大木櫥滷味」，多年來，始終點亮
紅燈籠、打開小櫥窗，與客結緣。

在傳統的木櫥子縫上紗網小窗、數十樣古早味的菜
料整齊平穩的鋪躺、木櫥下做了保鮮處理，滷菜被澆淋
過後收乾的醬水仍顯得油亮油亮，櫥壁架著幾盞小燈，
經過照射，色澤飽和誘人。讓人讚賞的，還有這裡井然
有序的動線，拿著號碼小籃、排隊自助夾料後、依序切
料、分裝、調味、結帳，清楚有效率。超人氣的小豆干、
豬血糕、豬肝、蘿蔔糕、年糕、車輪、軟管頭、豬頭皮
等都另外插小旗獨立出來，叫到號碼時再另外麻煩阿姨
們加入，滷味都是當天滷製，用了桂皮、八角、草果
等中藥材至少滷上 2 小時入味，不同食材要的時間都
不同，特別是帶骨的雞腳、鴨翅膀等等，連吸食骨髓
也都有特別滋味，打包前，阿姨們淋進獨門的滷汁、
大把酸菜蔥花，滷汁是淡雅的甘甜，記得再要點辣油，
住附近的一些媽媽們，常趕著過來索性包個幾百塊滷料
回家，有菜有肉的，一家人的晚餐輕輕鬆鬆就打發，其
實都是些吮指的小菜，但越簡單的東西有時越滋味無窮。

雖然大木櫥被歸類到宵夜這一
塊，但許多人都等不到半夜才來
買，還不就是害怕那心心念念，
早就心有所屬的滷菜會被買光。

大木櫥滷味
新興區六合路 176 號
16:15 - 22:30 (週日、週一公休)
高捷橘線 O7 文化中心站 1 號出口，西走中正二路右轉尚義街至六合路口，步行約 5 分鐘。

088

松
熱
炒

閃著發亮招牌的「阿松熱炒」，
是普羅大眾暢飲酒菜的祕密基地。

順著蓮池潭邊走轉進左營大路後往煉油廠方向，從店仔頂路老店龔家楊桃汁攤位路口左轉進廊後街到底，閃著發亮招牌的「阿松熱炒」已在此為大家營造一個普羅暢飲酒菜的熱絡空間多年。吃熱炒，菜就是要用大火炒得油潤濃香好配飯，三五好友舉杯酣飲冰甜沁涼的生啤酒，酒酣耳熱，在笑語和氤氳的煙圈中搏取感情的交陪，用餐環境雖有點雜亂，但去的人都不在意。

走進這裡，暢飲杯就乖乖的立在磚台上等待水龍頭打開，金黃液體就會往杯底滾滾奔流，雖然座位彎彎折折的，但仍是座無虛席，客人在前頭點好菜，師傅手裡緊握的炒鍋開始一刻不停的快火翻炒，各色好料：沙茶羊肉、炒花枝、九層塔炒螺肉、炒韭菜青蚵、炒菜心等，無一不是熱炒的經典，是正港的台灣味。鐵鍋一直都是燒熱著的，周邊舔滿了青紅焰火，還等不及熱騰騰呈上盤，食材和辛香料的鮮香已偷偷瀰溢整個空間。阿姨趕緊沿桌送菜，先後次序全在腦袋中清清楚楚，因為稍微慢了菜冷了味道就走樣，也會趕不上冰啤酒嬌縱短暫的賞味期；羊肉不管是蔥爆或沙茶都油潤嫩口，炒螺肉配九層塔再附上薑泥，炒出翠綠色澤的青菜和甜美的海鮮，道道色鮮味重，阿姨開了鍋蓋後盛飯的手也始終沒有停過，倒生啤酒的水龍頭也源源不絕的裝壇一杯又一杯，人聲笑語，有形無形都成了夜裡無盡延伸的歡愉。

高雄吃熱炒的風氣很盛，幾乎到處都找得到熱炒店的蹤跡，喝啤酒，喬事情，搏感情，一種草莽式吃喝的浪漫。

松熱炒
左營區廊後街 42 巷 105 號（近西陵街交叉口）．
(07)587-9308
16:30 - 23:00（公休日電洽）
騎車或開車為佳；高捷紅線 R16 左營高鐵站，租賃公共腳踏車前往，約 15 分鐘。

089

江豪記

脆皮／清蒸臭豆腐·
臭豆腐酥餃

「江豪記」從高雄生根起家，
脆皮和清蒸兩款爲臭豆腐寫下新的美味標竿。

臭豆腐，是台式小吃中的經典熱門選項，從餐館到小攤、臭豆腐那絕倫的酥香，總引誘著人，無時無刻，而且肆無忌憚。吃多了，自然人人心中都有了一套鑑賞的量尺，「江豪記」從高雄起家，爲臭豆腐寫下新的美味標竿。高老闆 14 歲即出社會在油水中討生，這段時間他看盡食客百態，但也因此造就日後對食物敏銳的洞察力，從近 30 年前的廟口路邊攤開始，輾轉遷移 9 次才在建工路生根。

招牌臭豆腐有脆皮和清蒸兩款，使用蔬菜和豆腐天然打養的菜滷水來泡製老的板豆腐，冬天 4 小時、夏天 2 小時。不含任何人工添加物，豆腐吃進滷水，發酵後散發天然的濃醇氣味，脆皮口味必須經過兩道油炸程序，浸滷後變得像蒟蒻般軟彈的豆腐，先下均溫約 140 度的低溫鍋油炸使其膨脹塑型，再迅速放進 200 度的高溫鍋，豆腐在油溫高到啵啵響的鍋子裡奮勇翻跑，熱油在豆腐鬆散組織裡竄流，轉化了腐肉的質地，待四面黃金，起鍋後迅速在豆腐中間畫出一凹洞騰入蔥蒜，蘸點醬汁，連泡菜同入口，爽脆酥鮮，一次到位，越炸越臭，但越吃越香。得獎的清蒸臭豆腐，湯汁以蠔油爲基底，滾熬了十多樣配料，蒸好時得用擠壓棒輕輕將豆腐按壓至湯底讓腐肉巴進湯汁，疊上玉米和絞肉，香荽蒜苗在汁水中盪漾，味道濃鮮卻不沉重。而以芒果法式調醬搭襯的臭豆腐酥餃，和濃濃東南亞風情、以臭豆腐蝦仁入餡的手工春捲酥，都是老闆定期到國外進修取經後帶回的創意巧手之作。

除了舒服寬敞的用餐空間外，體貼的高老闆，斥資百萬加裝了臭氧循環設備，讓內用客人和周遭鄰居都不再因為臭豆腐的氣味而感到困擾。

江豪記臭豆腐王（創始老店）

三民區建工路 347 號
(07)396-1199
11:00 - 00:30
高雄輕軌 C28 高雄高工站，租賃公共腳踏車前往，約 3 分鐘。

090

蘇家

鹽水鴨

「蘇家」以製作甜美鮮嫩的鹽水鴨肉技術見長，
是正統的南京風味。

出了果貿社區，穿過左營大路後接上靜謐的先鋒路，
裡頭大片的軍區和眷村緊密相鄰，由於住民多來
自大陸各省，文化與記憶在這交融出百花齊放的食飲小
吃，每個巧遇的尋常巷口裡頭都是說不完的故事，然眷
村即將拆建，居民多已分飛，原本在崇實新村西二巷巷
口的「蘇家鹽水鴨」，也已帶著這味一甲子正統南京風
味的鹽水鴨搬到隔壁的先勝路上。

　　蘇家以製作出甜美鮮嫩的鹽水鴨肉技術見長；流程
費工費時，加上對於細節挑剔講究，每天僅能限量販售，
卻常常仍是應付不了大批慕名而來的關愛，每天凌晨四
點蘇老闆即出發往潮州選鴨，嚴格限定必須是生長期
75天、重約三斤半的母鴨，鴨肉在經過鹽醃和浸滷後口
感會有最好的表現。南京式「以蒸代煮」的做法讓本
來容易走柴的鴨肉完整保留了嫩口和咬勁，處理好的
鴨子在肚裡塞進八角和生薑去腥，先用鹽水醃漬一
天，接著放進家傳老滷裡浸泡入味後蒸炊，出爐後一
隻隻的平擺在桌上用電扇自然風吹降溫，每天一早九
點開賣，賣完即休息。以前，蘇老闆會在家門前搭起一
簡單掛櫥，裡頭吊掛著成排飽滿肥嫩的全鴨，在陽光下
閃亮。會大早就來買的青一色都是熟識街坊，下車買鴨，
也順道閒話家常。爽嫩的鴨肉單吃極好，入口時滿嘴鹹
香，附贈的鴨汁精華還可額外拿來拌麵，或炒菜。

清晨五點多到現場跟著他們的製鴨
流程走一輪，倘若睡眼惺忪如我，
裡頭許許多多細膩的環節勢必無心
兼顧，而那些正是他們鴨肉讓人佩
服的關鍵啊。

蘇家鹽水鴨
左營區先勝路 151 號
(07)582-1007
09:00 - 18:00（公休日電洽）
高捷紅線 R16 左營高鐵站，租賃公共腳踏車前往，約 20 分鐘。

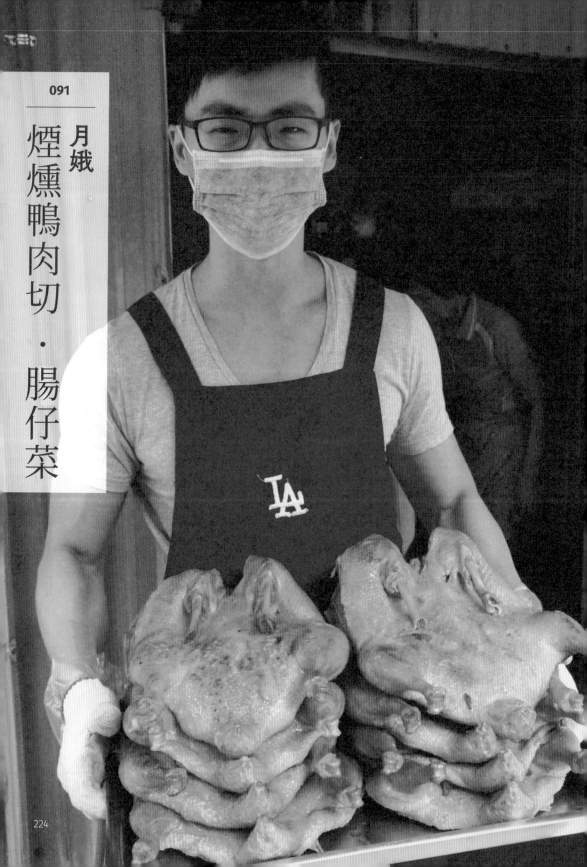

**緊鄰大立精品百貨，
但「月娥」的鴨料理本身就是一個小精品。**

從大立百貨對面擺攤開始，「月娥鴨肉」的好滋味
已陪伴高雄人走了超過 60 個春秋，這裡原是在地
人口中的老謝鴨肉，後因商標註冊問題加上傳承至第二
代媳婦之手，店名也就順勢改成月娥。

　　鴨肉要好吃，選鴨眼光是第一道考驗，這全仰賴經
驗的積累；店內用的是透早宰殺生長期約 80 天體型中
等的母蘆鴨，也就是俗稱的土番鴨，母鴨的肉質細緻，
豐厚的油脂極適合煙燻吃法，入口時肉質依舊保有甜
嫩滑韌的咬感，鴨子買來後雖已經過處理，但他們仍
堅持花時間用小鉗子再細心的把毛細孔看不見的雜毛
挑乾淨，接著經過加料水約 40 分鐘的汆煮後，放進
古灶下糖燒炭火煙燻至表皮呈現晶瑩的琥珀色澤，可
單吃切盤，亦可拌著湯汁粉麵呼嚕嚕快意下肚，湯頭係
以燙鴨水稀釋後加進大骨燉熬而成，什麼精華全都進了
湯裡頭，清爽順口。上頭澆淋的油蔥也是一絕，噴香的
祕訣在於紅蔥頭用鴨油下去爆之後，在變焦變苦之前要
趕快過火，浸到冷油裡頭降溫，這樣香酥的口感就會被
完整封藏。小品的腸仔菜，拿鴨腸和鴨腱調料和青菜一
起燙拌，清爽風味頗得女生歡心。另外，麵攤前擺滿了
數種加入 8 種祕方密製的滷味，有鴨頭翅膀腱心等等，
每樣都滷到通透入味，甚至有人開車專程來買，受歡迎
程度可想而知。

月娥阿姨的子女全都投入幫忙，
兒子負責燻鴨，女兒負責前場，
是從小被好吃鴨肉薰陶的關係
嗎，個個都長成俊男美女。

月娥鴨肉（原老謝鴨肉）
前金區自強二路 72 號
(07)211-4602
11:00 - 19:30（多休週三，確切日期請電洽）
高捷紅線 R9 中央公園站 2 號出口，往愛河方向，步行約 12 分鐘。

那鍋奶白色浮沉著菜料的湯真誘人，老闆娘在你眼前爛熟的轉動大鍋，食材們都被平均照顧到了，連客人的心情和喜好也都照顧得周到妥貼。

「劉家」那一大鍋菜料正溫溫燒著的大腸豬血湯，
是正統台式關東煮來著。

中正菜市裡雞鴨魚販羅聚，晨間，裡頭沸沸揚揚的，在堆滿雜貨菜肉的角落一隅、離開了喧鬧人聲來到巷尾底，這裡透進了一些日光，小桌小椅幾張、好大一鍋高湯被細細的煲煨著，麵攤不時揚炊陣陣燙麵菜的清煙，那是閃過「劉家豬血湯」時好暖心的風景，鍋裡頭正燉著好喝的大腸豬血湯；沒有熟客帶領，光靠他們磚牆上那不太醒目的招牌，我想旅人多半會在九曲八折的小路中抱憾而歸。

大腸頭和豬血，既然是湯裡的要角，新鮮就是帶出好滋味的首要條件，好的豬血，口感滑順脆口、表層不會有狀如蜂巢的空隙、還會帶點豬肝色的暗紅，而這就是他們在市場營生的絕佳

條件，讓豬血取得占盡地利之優；大腸頭經過仔細的搓洗，口感鮮美爽彈。這鍋高湯一燒就是 40 餘年，用湯匙骨細熬出來的豬骨高湯，清晨開始就不停歇的在攤前溫溫爛燒，湯色白濁如玉，他們的豬血湯除了搭配大小腸、也可以選擇肝連肉、脆腸、豬肚、菜頭、貢丸等，像極一鍋古早味的台式關東煮，坐在攤前，邊吃邊欣賞老闆娘拿著小剪刀俐落將菜料剪進碗中的風韻，她記著所有老客人的喜好，湯裡以爽口的客家福菜取代沙茶提味，湯頭清雅，焦點全留給滿滿的好料去表現。捧起碗，掌心好暖熱、古早情懷也跟著上來，心神全都被這碗簡單的湯收拾得服服貼貼了。

劉家豬血湯
新興區黃海街 36 號 (黃海街左轉過了阿美屏東肉圓後第一個巷口左轉直走)
0931-879257
07:00 - 13:00 (週一公休)
高捷橘線 O6 信義國小站 4 號出口，往中正市場方向，步行約 5 分鐘。

古意的小李自多年前接手後，招牌可說越擦越亮，對面是間上過電視的美容院，連他們的客人挽面做臉完都會走過來喝碗熱湯。

「老李」的肉燥油飯和排骨酥湯，50 幾年來在新興市場裡受盡寵愛目光。

「老李排骨酥湯」50 幾年來在新興市場這裡受盡寵愛目光，但可貴的是店內陳設簡樸如昔，一走近，滿室冬瓜排骨的香氣撲天蓋地襲來，老客人會心的坐下，等著填飽肚子；這裡只賣排骨酥湯和油飯，頂多湯裡讓你加麵或米粉。炸排骨酥的肉吃來是如此滑嫩，細推是店裡選用溫體豬小排每早現炸的傑作，沾裹小排選用了附著力強的地瓜粉，那使得蒸煮後的湯仍見透澈清揚；裝湯的陶盅發揮了作用，內壁氣孔有效讓熱氣均勻排散開，冬瓜躺在裡頭被照顧的又透又綿，瓜肉輕易的就化於舌尖，灑上取自中藥行研磨的胡椒粒，湯頭多了微嗆感，喉韻回甘，最高紀錄有人當場連喝 18 盅！這裡的湯好喝祕訣在於「熱」字，夠熱的油溫把小排多餘的油脂都逼出，端出去的湯夠熱，才能夠溫暖每位客人的心。

在這裡喝湯一定要配碗熱騰騰的肉燥油飯，油飯並非像一般印象中的黃褐色，也不見魷魚蝦米香菇，僅在上頭澆淋肉燥。肉燥是採由豬頸部位的肉丁拌混紅蔥頭去炒，濃郁芳香，特別的是還加入炸排骨的碎肉；米飯由糯米蓬萊米各半組成，提升了口感，晚去吃不到，是會要人捶心肝的。城市裡四處是騰飛的閃亮風景，細瞧在美麗島相遇的人，泰半下車者皆是被吃吸引而來，說不定月台巧遇到同行者，那就一同散步到新興市場內找老李喝碗熱湯吧。

老李排骨酥湯
新興區大同一路 149 號
0932-742401
09:30 - 20:30（週四公休）
高捷紅線 R10/ 橘線 O5 美麗島站 5 號出口，沿中山路往中央公園方向，步行約 5 分鐘。

094 *

陳黃記

老擔冬粉肉

「陳黃記」這裡的一切
都是從那一根辛苦扁擔，開始慢慢挑起來的。

沿著愛河邊上拐進靜謐的北斗街裡，在北港媽祖廟旁暗藏著一間 80 年的玲瓏小店「陳黃記」，店內有個獨創的冬粉肉全台其他地方找不到，第三代黃老闆幽幽的訴說著，這裡的一切都是從「光復前的那一根辛苦扁擔」開始慢慢起來的。創辦人是老闆的外公，人稱大頭伯，早期大頭伯每天都會挑著裝滿熱呼呼冬粉肉的扁擔，在老鹽埕裡的大巷小弄辛苦叫賣，現在看著這碗剔透晶瑩的冬粉，裡頭隱藏不了的是對於阿公留下這味好料滿心的感念。

燒冬粉的爐子不停冒著白煙，這讓客人有著難道不怕冬粉煮到太爛的疑慮，黃老闆笑說，這就是大家對冬粉的刻板印象，其實冬粉品質有分等級，主要是取決於裡頭綠豆比例的多寡。他們定期和台中一老廠進貨，冬粉多經熱煮二小時以上去吸收豬大骨的湯汁，呈上桌時，粉條滑溜飽漲、絲絲剔透分明、湯水甘澈，不走糊不軟爛；搭配的豬肉條經調味沾上蕃薯粉後同冬粉下鍋熬煮，一重一輕的味道，在味蕾間擺盪出簡單層次。想吃飽可以加點店內招牌的米糕和魯肉飯，還有燉吳郭魚等台式小菜，吃飯配湯，金針腦髓湯和苦瓜排骨湯也都值得品嘗。

· 附註：因店家私人因素，於 2020 年暫時停業，並於 2021 年 12 月搬移至台北。

冬粉肉的味道可能比你想像的還要再更清淡更簡單，但你甚至可以不用再加任何調味料，生活裡能讓味蕾反樸的機會已經不多了。

陳黃記老擔冬粉肉
鹽埕區北斗街 10 號

095

鴨肉珍

白片鴨切盤・
鴨血糕・心肝湯

記得瞧瞧門口張貼的上下對聯，取了鴨與珍當字首，讀起來饒富趣味，別看心肝湯小小一碗，它可是很多人的心肝寶貝。

從攤車賣麵起家，
「鴨肉珍」一路撐出現在人潮滿爆的規模奇蹟。

轉進新樂街，這裡是鹽埕小吃的一級戰區，出了珠寶金飾那段步行區，店就位在阿看仔豬油拌麵隔壁的隔壁，有間火紅的鴨肉專賣店就隱身在古色古香的老房子裡，沒有招牌也不需要招牌，憑藉老老闆吳登珍一甲子精湛的台式鴨肉切手藝，從早餐到宵夜，騎樓下總是圍繞著滿座的人頭，老客人習慣直接稱呼這裡「鴨肉珍」。13 歲開始即在鹽埕市場幫人洗碗打工，爾後從攤車賣麵起家，一路撐出現在的規模，但吳老闆為人樸實低調，風頭全讓給食物去表現，看盡了起落興衰的人，明白惟有吃會具體留下，成為一輩子的風景。

這裡沒有點菜單，要吃什麼就直接在裡頭叫，他們的鴨肉講究原汁原味，每天清晨親自到屏東萬丹的社皮選鴨，以飼養 80 天上下、重約 5 斤處理好的溫體鴨肉肉質最棒，經典的白片鴨切盤，分鴨腿、尾椎和骨仔肉三部分，僅以滾水汆熟佐薑絲和簡單醬料。另外銷魂的肉燥飯也頗受眾人垂青，肉塊用蔥酥和家傳祕方滷製，肥而不膩，入口即化的口感彷彿連心也跟著一起化掉；鴨肉飯係在烘烤到軟嫩的鴨肉上澆淋滷肉燥，少有人到這還能抵擋得了。僅以水汆的鴨血糕軟糯有味，只需蘸點他們用古早味番茄醬打底，加入少許醬油和薑碎調製的油膏醬即可。另外一定要點碗下水湯或招牌的心肝湯來嚐嚐，心肝湯顧名思義是指鴨心加鴨肝的組合湯品，下水有分乾吃與湯吃，乾吃常成為入夜後下酒的熱門點選。

鴨肉珍
鹽埕區五福四路 258 號
(07)521-5018
10:00 - 20:20（週二公休）
高捷橘線 O2 鹽埕埔站 4 號出口，步行約 5 分鐘。

096

鄭老牌
薑糖番茄切盤

以前沒嚐過的人，可能會想把它推薦給 TLC 古怪食物的節目製作群，但只要突破那層心理掙扎，到時可能就不是你說停就能停。

來「鄭老牌」吃一盤薑糖番茄切，獨特的甜鹹滋味，是懷舊，也是想念。

台灣早期，特別是在南部，農戶在稻米收成之際都會找人來助割，割完後招待吃粗飽的農家飯作為答謝，飯後會熬煮一大鍋冰涼的黑糖水當冷飲，而甜點是一大盤加了醬油膏、糖粉和薑泥當蘸醬的番茄切盤。時至今日，薑糖番茄仍風行南部，這獨特的甜鹹吃法，是懷舊，也是想念。高雄的旗津廟街一直都是吃這古早風味切盤的大本營，然就近鑽進六合路上的「鄭老牌」，這裡的番茄切盤吃過後才真會讓人吮指難忘。

吃切盤第一個要留意的重點，就是番茄本身；店家多半會選用黑柿番茄，南部俗稱「柑仔蜜」。黑柿的甜度高，尾端泛紅時，中上部位的果肉仍呈現黛青色澤，這樣半熟成的番茄果子切出來會有軟中帶脆的口感，是最上乘選擇。鄭老牌選擇和來自台東南橫的個體有機小農合作，大量鮮採收購，以黑柿品種裡的黑葉仔和一點紅為主，現切的果肉色澤飽滿、紋路細緻、果肉多汁，果皮部分脆硬卻又帶點鮮美的澀青味，他們製作出俗稱「海山醬」的沾醬更是好吃的最關鍵，老闆娘說，他們的醬油膏不水、耐放、但絕對不靠勾芡，細緻的濃稠感是用 50 年獨家技術辛苦換來的，糖粉粉末一定要細，老薑去潮，一定要用手磨，將粗纖維拿掉，只留下薑泥的香辣。在他們的攤位坐著小椅用叉子一口一口慢慢的吃，頂著人聲笑語，彷彿走回從前。

鄭老牌木瓜牛奶
新興區六合二路 1 號（近六合夜市中山路入口）
(07)286-3074
16:00 - 02:00
高捷紅線 R10 / 橘線 O5 美麗島站 11 號出口，左轉六合夜市，步行約 1 分鐘。

阿姨們就著大樓後方天井下的小空地，騰出個可容身的空間，專注的處理著生雞，按部就班的，走完飄香的工序。

起家 50 年的「劉家」，
把燒雞的醬汁抖一抖，抖出滿室桂花香。

在左營果貿社區自家廚房裡掛起招牌已約莫 50 年的「劉家桂花燒雞」，名字聽來浪漫，背後其實也有個大江南北的故事。傳承了三代，一開始只是創店的劉媽媽為了餵養家裡老小，咬牙變出山東老家的家常手藝；燒雞早先是大陸鐵道沿線日常人家的料理，在沒有冰箱的那個年代，雞肉為了保存，一定燒得又鹹又爛，藥味也重，餓了，就把燒雞的醬汁抖一抖，夾芝麻燒餅吃。來到台灣後、剛開始賣才發現這口味台灣人不習慣，於是一次次的跑中藥行，調整滷包裡香料的比例，最後終於確定拉出桂花當主味，特別是台灣人祭祖時有用全雞拜拜的習慣，漸漸，越來越多人來這買雞，好口碑開始從眷村傳了出去。

長子接棒後，燒雞風味如昔，體貼小家庭的客人，陸陸續續又加了雞腳、雞翅、雞腿等品項；燒雞係選用養足三個月的母土雞，搓鹽、清洗、剪趾、去油，和滷雞最大的差別在多了一個浸泡的工序，全雞先蘸上蜂蜜下鍋油炸至金黃上色，瀝乾吹涼，接著以頭下腳上方式浸入整大缸 40 年的褐紅色滷汁中一段時間，再續燉煮直到雞肉完全入味。雞燒到皮皺色深、幾聲菜刀起落、雞肉分離、除了皮香肉鮮口感喇嘴外，肉裡還幽幽透著桂花香，老客人總會多要一包滷汁回家。老闆的次子進一步將這好味道發揮到滷菜上，蹄膀阿牛腱阿等等，也用了桂花滷，嚐起來別有全新風味。

劉家桂花燒雞店（創始老店）
左營區果峰街 47 巷 21 號 (果貿社區內圈第 3 棟)
(07)581-9402
09:00 - 18:00（週一、週二公休）
高捷紅線 R16 左營高鐵站，租賃公共腳踏車前往，約 20 分鐘。

不分類

「芳德」百年炭火冬粉，
已成雋永的美妙滋味，
係每日早市精挑細選而得之傑作。

「芳德」的百年炭火冬粉，日治時期尚未起店名時即開始在南華市場這帶挑擔攬客，原是餐廳大廚的陳老闆是第三代傳人，30 年前接下這手藝後在附近頂了店面繼續傳香。店門口的 Hinoki 檜木攤車見證了歷史，車裡架著一只滾湯的大鍋，下頭仍照古法，每天生火燒炭，因為食物的組合簡單，肉和冬粉能吃進多少高湯，味道就走到哪裡，炭火溫度是溫柔緩慢的，漸次的上爬，味道才能跟著層疊而上；而炭火燃燒的過程，空氣得以維持在一個乾燥的狀態，那會讓味道表現上相對穩定，這是瓦斯爐火比不上的可愛之處。

冬粉先浸泡 40 分鐘備用，配料只賣豬雜和豬肉，什麼部位壁上小板全交代得一清二楚，每日從早市精挑細選而得。會先用豬骨湯燙至半熟放料檯供人挑選，點畢，依序燙肉、下冬粉、以剪代切快速置入碗中調味，最後以冬菜、芹菜、鹹菜提香。松阪肉，南部市井間俗稱「玻璃肉」，位置約莫是在豬下巴後方連到頸部附近的區域，近拳頭大小，每頭豬僅得六兩，肉質清脆甜美，白裡透紅，不是每天都有要吃得碰運氣；同樣稀少的還有「二層肉」，台語俗稱離緣肉，是在豬皮下方覆蓋於大里肌之上的霜降，鮮嫩多汁；而「菊花肉」則是我們常聽到的嘴邊肉，因為切片剖面會有類似菊花紋路而得名，是舌頭旁邊的臉頰肉，因為常常咀嚼活動，不帶油脂但膠質多口感好；豬的橫隔膜俗稱「肝連」，亦受老客人垂青，和豬雜一起做黑白切、下點薑絲和醬料即有滋有味；至於較少人涉獵的「生腸」是豬的子宮，處理程序非常繁複，所以量甚少，嗜好此味的朋友最好先去電詢問是否當日有提供以免撲空。

片好的肉要如願呈現嬌嫩的粉紅光澤全賴經驗，冬粉乾吃湯吃風味各有其妙趣，也可點綜合隨自己喜好讓陳老闆去配，或是單吃切盤。

芳德豬肉冬粉

新興區大同一路 100 號
(07)282-5721
10:30 - 15:00 / 16:30 - 18:30（週六公休）
高捷紅線 R10 / 橘線 O5 美麗島站 5 號出口，轉進南華路步行街，步行約 10 分鐘。

099

俩伯

三杯羊排 ·

涼拌綜合 · 羊肉料理

「倆伯羊肉」已陪伴鳳山人半百春秋，
如今被吃出的規模，能代表的早已遠遠超過。

已陪伴鳳山人半百春秋的「倆伯羊肉」，一開始也是依賴著菜市仔擺小攤開始起家的，位在車水馬龍的光遠路和民生路口，對面就是俗稱「公園仔」的鳳山第二公有市場。最早僅以一鍋羊肉熱湯、簡單的羊肉炒菜與客結緣，因為老頭家的名字裡有個「兩」字，倆伯是老客人對他的尊稱，後來，上門吃飯的人越來越多，頂下同位置的雜貨店舖走到今天。從早點賣到宵夜，晨起運動完或載孫子去上學的長輩們，喜歡吃飯配熱湯和炒菜；而到了台語說的「就市」，也就是晚餐時段，小家庭攜家帶眷的過來；而入夜後，在這吃喝酒肉，那可就是不分年紀共享的歡愉時光了。

三杯羊排是店內的超人氣招牌。三杯，本是台菜中最經典的料理手法，生羊排先入藥膳湯中煮燉，吸透了中藥材的香與味後，接著下鍋快炒，有爆香老薑有米酒，起鍋前再下畫龍點睛的九層塔，包覆濃郁醬汁的羊排骨肉叫人忘情吮指；另推涼拌綜合和薑蒜羊雜，涼拌綜合取了爽脆彈口的羊肚和羊筋，與帶甜美汁液的洋蔥絲和辛香料搭著一同拌攪，醋香豆瓣香，風味爽揚；羊肚、小碎肉和羊腩為主的薑蒜羊雜，放了九層塔香和辣椒；骨髓也能下鍋蔥爆；喜歡單純吃羊肉炒菜者，有沙茶有麻油有蔥爆等，調味上皆用店裡那鍋用豆豉、中藥材和辛香料下去熬煮的鹹湯來取代鹽巴，道道有滋有味，下飯亦下酒。喝湯的選擇亦多，赤肉湯的嫩口肉片去了筋，量給得大方，上桌時還透發著粉紅色澤，可免費續湯；燉肉湯特別，取了半筋半肉的羊腱，飽富膠質和當歸香氣；喜歡享受啃骨吸髓樂趣的朋友可來碗粗骨湯一飽口慾，熬了 5 到 6 小時，連骨髓都入味，但小心燙口，別操之過急。

重口味的炒菜當然得配上熱騰騰的白米飯，倆伯係和旁邊巷子內的在地老店「豐榮蒸飯店」進白飯，各司其職，各擅勝場。

倆伯羊肉專賣店

鳳山區光遠路 304 號
(07)746-9842
07:00 -23:00（公休日電洽）
高捷橘線 O13 大東站 1 號出口，西行光遠路，步行約 5 分鐘。

100

橋邊

燒鵝・鹽水鵝・
芹菜鵝腸・鵝香米血／飯

「橋邊鵝肉店」在醬料爆紅之前，
小店細巧烹調的全鵝桌菜，
早已是老高雄不言說的心頭好。

「橋」邊鵝肉店最為人知的是那一小罐由這帶出的鵝油香蔥
醬，但在醬料之前，在仁武橋邊，曹公圳僻靜蜿流之處，
小店內細巧手藝的全鵝料理，早已是老高雄們 20 多年來的心頭好。
老闆娘劉金鍊女士的娘家在高雄內門專營辦桌外燴，幼年即耳濡目
染阿嬤的精湛手路菜，廚藝經過 18 年餐館工作的洗練後，加上家族
鵝肉販售的淵源，餐館於焉誕生。只開傍晚到宵夜，除了繁瑣的前
置作業與鵝雜處理，固定只用當日清晨現宰從屏東揀選的溫體鵝才
是主因，每隻肥瘦得宜的鵝，都必須介在 6 到 6 斤半間。

這裡的鵝料理吃來突出之處有二，一是鎮店的鵝油香蔥，此
醬量產前本是店內限定，從辦桌菜擷取來靈感，拿鵝油取代豬油
爆香紅蔥頭，不膩口的好滋味最後竟意外成為鎮店最重要的那一
味；其二來自料理檯上那鍋不減火的鹹湯老汁，用煮鵝蒐羅來和
掛爐燒鵝滴落的鵝汁與醬脂來燒，在新舊之間，日夜重覆熱滾濃
縮而成，店內幾乎任何鵝料理或飯麵，調味都要經過這二味的洗
禮，以下不再贅述。招牌燒鵝，概念來自於老闆留法時看到法國家
庭餐桌常吃的烤小鵝，鵝的油脂較鴨肥厚，掛燒時間長了一倍，但
冷了肉質因油脂包覆還是好吃，蘸點南投的有機紫蘇梅醬，配上隨
侍浸了紅麴的滷水花生和醃黃瓜小菜，又是不同層次；整理好的生
鵝，下到滾沸的鹽水高湯裡泡煮，起鍋後迅速過冰水降溫，接著吹
涼將肉汁鎖住，就是另一道叫好的鹽水鵝；一般鵝肉店常見的炒鵝
腸，配菜以芹代韭下去爆炒，滋味極好；鵝血糕用蒸籠蒸炊鎖住了
鮮味，出籠淋上醬水，表面呈現濕潤誘人的瀝青色，和飯一樣，一
瓢香蔥下去，只是隨意拌攪，就足以讓你天旋地轉。隱藏版的鵝掌
煲，需費時熟成讓鵝掌燉到化掉，冬季限定，需提前預訂。

蘸料醬油是祕密武器，採用義式香
料油層疊冷泡的概念，疊進眾多中
式辛香料浸製二天，菜肉只需微蘸，
即迎風添味。

橋邊鵝肉店
仁武區仁雄路 39-6 號 (仁雄橋邊)
(07)373-1468
16:00 - 售完為止（公休日電洽）
不近任何捷運站，開車或騎車前往為佳。

「木侖」，
係一傳統手工製切、結合住家的家庭式糖酥工廠，
也是團購熱門。

在高雄有句俗話說：如果來到鳳山，北鳳山有赤山
粿，南鳳山則有木侖的花生糖。低調設在五甲二
路上整排不起眼透天厝中的「木侖」，係一傳統手工製
切、結合住家的家庭式糖酥工廠，在民國 79 年開業後，
其香甜脆口的各式古早味糖酥即深受高雄人喜愛，特別
是農曆過年等旺月，常常還沒出爐，湧進的送禮訂單已
把糖酥預訂一空，爾後口碑遠播，這裡也變成了外縣市
團購的熱門選擇。

老闆娘笑說，一開始只是單純因為自己的兒子愛吃
花生糖才開始研發製作；不若現在花樣繁多的口味，初
期僅有花生糖、杏仁糖和芝麻酥。糖酥多是當天生產販
售，熱騰騰的出爐、整塊整塊的被麥芽糖液緊緊沾裹
塑成方型後，趁熱、趕緊拿到門口的工作檯上，由手
腳俐落、經驗豐富的阿姨快刀切出長條型，待大風扇
稍稍吹拂降溫，隨即分小塊裝到塑膠桶裡。這裡的花
生糖脆口而不黏牙，好吃的關鍵在於拌炒時火侯的拿
捏；麥芽糖熬煮的過程中必須不斷攪動，如何留住焦香
氣卻不燒焦，全賴經驗。不論是花生糖或者杏仁糖，用
料皆飽滿紮實，層層疊疊、甜順卻不生膩。此外，新口
味的腰果糖、松子糖和夏威夷果糖等，做法雖大同小異，
然費工費時的好滋味，也只有這裡才吃得到。

現切分裝的糖酥，想要切得好又切得
大小平均很不容易，快狠準是心頭默
念的要字訣，一個閃神，就是整地碎
裂。

木侖花生糖
鳳山區五甲二路 559 號
(07)821-4892
09:00 - 20:00
高捷紅線 R5 前鎮高中站 2 號出口，過橋至五甲三路，步行約 20 分鐘。

這兒的甜食一道道都像是藝術品，從配色到擺盤，從調味到口感都極講究，我們不會知道真正在大觀園裡生活是什麼樣子，但可以從這得到想像。

「蘭園食府」創立於民國 5 年，
打開紅樓夢中的甜品櫃賣起已絕版的宮廷點心。

創立於民國 5 年的「蘭園食府」，師承曾爲光緒掌理宮廷食饍的御廚傳後的古法，純手工小點的製作概念來自紅樓夢裡已絕版的細緻點心，以大量中式手法理餡，舅父將祖傳祕方傾囊相授，加上留洋老闆娘對天然食材近乎吹毛求疵般的執著，於是點心裡的東方風情被發揮到淋漓盡致。

小點受到歡迎，全賴細熬慢捏的老手藝，和對火候時間的精準掌控。木樨小棗選用了上乘金絲棗，香氣足。棗肉活氣運血，木樨就是桂花，小棗去籽後塞入搗成泥的桂花，連玫瑰加冰糖文火慢燉數小時，冰凍後拿來吃隨著溫度的變化口感會跑出三種不同層次，微甜不膩，入口即化放出陣陣花香。霜裹核仁捨棄市面上傳統油炸法，核仁浸泡中藥祕方後先蒸熟，後賴師傅全手工費時脫膜，接著爲確保表面均勻受熱，直接用手掌入乾鍋翻酥，完全不油炸，糖霜裡盡是核仁的脆與香。杏仁酪挑了帶辛的北杏，酪，說的是磨粉加水蒸炊，爐蒸時間的掌控很重要，滑溜入口，杏香鼻裡喧騰、嘴邊滑凝，綴灑的蜜煉松子和桂花讓幸福感油然而生。川貝雪梨嚴選只有巷仔內的人才懂挑的小顆川貝母，同雪梨、銀耳、紅棗和冰糖燉煮 8 小時，煮到雪梨鬆軟香甜，銀耳自然生膠，熱著吃，潤肺止咳，最好事先預定。吃著這些小點，那是感官在嘴裡得到的最強烈也最華麗的撞擊，你彷彿打開了紅樓夢中的甜品櫃，走了大觀園一圈。

記住了，步伐可要走快點，紅樓夢小點店內採限量供應，每日可是售完爲止喔。

蘭園食府
左營區勝利路 126-3 號
(07)588-6873 / 0932-207929
11:00 - 20:00（週一、二公休）
線上訂購請至官網查詢 http：//www. 蘭園冰翅 .tw
高捷紅線 R16 左營高鐵站，租賃公共腳踏車前往，約 10 分鐘。

豫湘

湖南臘肉・豆腐香腸

「豫湘美食」每到年底就得把牆面淨空，
因為預訂臘肉和香腸的單子總是越追越多。

「豫湘美食」店裡除了那極其爽口解夏的涼麵以及特色泡膜等外省美食，還有一些隱藏在牆上菜板子後頭的好東西。

那可是私傳的壓箱寶，如果你沒有剛好和老闆娘戴媽媽多聊上個幾句，很可能就會因此錯過它們。正宗湖南風情的醃臘肉、風豬頭肉以及少見的豆腐香腸，純手工，成品全是出自對面彎彎折折慕義巷內他們自家搭蓋的家庭式小工廠的傑作，依照家鄉原有的習慣走，只在每年冬至過後到農曆新年結束前這短短個把月的時間製作，過程全不假外人之手，初衷只是想再回味回味以前兒時全家圍爐桌上那特有滋味的美妙時光，也留一些走春時贈送親友，然而隨著口碑一年一年發酵，現在每到年底訂購電話不斷湧入，牆上訂單越追越多，僅僅依靠先生和女兒的幫忙，已開始出現供不應求。

和台式的臘肉及香腸比較，湖南做法味道更顯濃重味厚，戴媽媽承襲了以前母親留下的做法，把炒好炒香的花椒鹽均勻的來回塗抹在細挑的五花肉和整個去耳的豬頭皮上，直到鹽味被充分吸收，續加入純釀的金門高粱醃製 3 天後再風乾 5 到 6 天，最後移到小暗房用甘蔗、橘皮和黑糖細細的煙燻，直到上色。伴手回家，臘肉和豬頭皮只要切片用電鍋蒸熟再拌上生蒜苗，蒜味嗆出肉的鮮甜，味道極好。另外少見的豆腐香腸用了板豆腐瀝出水後的豆腐渣，連肉和自製辣椒醬一起混灌進腸衣中，樣樣都是好適合下酒言歡的小菜。另外他們的松子香椿醬和家傳辣椒醬也很受歡迎。

豫湘美食
左營區城峰路 311 號
(07)588-2685 / 0933-310598
10:30 - 19:30（週一、二公休）
高捷紅線 R16 左營高鐵站，租賃公共腳踏車前往，約 20 分鐘。

小工廠後院掛滿成排半成品如門簾般擺盪，小暗房的門擋不住蔗糖竄出的煙氣，豬頭皮被燻製後的模樣雖嚇人，但味道也是好得嚇人。

他們的沙茶醬真的是送禮自用都好，如果沒時間上可香的館子吃吃正統潮州大菜，窩在家裡想變出美好一餐也不成問題。

「可香潮州菜館」飄洋過海的家傳潮香沙茶醬，總在每餐飯揪人心神。

老高雄人一定都對「可香潮州菜館」不陌生，他們的潮州菜作工講究，不僅大氣也兼具細節，就像人稱「二哥」的朱老闆，身材高大的他，和客人聊起天來笑語聲中一派親切爽朗，然而一旦鑽進後方的廚房，收起笑鬧，做菜專注的神情看起來好帥。70多年的老店，祖父在潮州本來就是開餐廳，原本只是來台灣走走，誰知遇上國共內戰，海峽被封鎖就回不去了，只剩下一路跟著飄洋過海的潮州家傳手藝陪伴相依。從哈瑪星的廟埕口起家，一路走到現在坐落幽巷內的木造雅緻小飯館，朱老闆拿手的潮州料菜以及那罐獨家限量供應的潮香沙茶醬，總時時揪人心神，就讀高餐的兒子也在旁忙進忙出，這老店叫好的潮滋味仍在綿延。

潮州菜講的是七分料三分工，朱老闆謙虛的這麼說著，但食材的新鮮決定了最後的成敗，招牌的潮州滷水，以鵝當底，菜料裡香料和醬水交融，還有那用雞蛋下去拌炒的潮式蠔烙，以及多補聖品龜鹿二仙膠等等，只要食材不夠新鮮味道就出不來，自家炒的潮香沙茶醬也是。醬底源自東南亞的沙嗲，運用了大量香料、魚乾、蝦乾，製作當天才去採買回來，好手藝撐起了厚底，海鮮之味被巧手堆疊，輔以家傳香料，讓他們的沙茶醬跳出一般市場，有種說不出的濃郁氣味。傳統的潮汕吃法會以沙茶原汁燙肉，用沙茶打底的火鍋，如果醬夠精純，菜肉下去涮個兩下即可媲美麻辣鍋般的濃郁鮮美，反之，則原形畢露，再下點凍豆腐和冬粉去吸湯汁，滋味無窮。自己買回家拌麵，或者丟把油菜熱炒個羊肉，都是平凡中的小奢侈。

· 附註：已於2022年結束營業。

可香潮州菜館
鹽埕區河西路3號

105

陳家
原味捆蹄

**因為過年時許多人指名要吃「陳家捆蹄」，
於是全家人從廚房到庭院拉出一條家庭生產線。**

「陳家捆蹄」創始人陳寶善爺爺和李學英奶奶，當年跟隨國民政府退守來台，早年尚未開放回陸探親，思鄉時，鄉愁上了餐桌，童年那一大口子人吃飯的景象歷歷在目，於是同樣來自南京安徽的二人，決定試著重現家鄉味的捆蹄膀，沒想到一做就獲得老鄉熱烈回響，那是開始了小量販售的淵源。鳳山的海光四村，眷村氛圍濃烈，小路在巷弄裡交錯爬行，門對門，戶對戶的，鄰居間彼此要好，常提個菜籃在外頭大菜市交誼感情，買完菜，繞進688號小巷，在立了塊陽春牌子的陳家小門，跟李奶奶要塊捆蹄回家。特別是過年，這入味的蹄膀是許多外省家庭桌上不可少的年菜，訂單中秋開始湧現，那時總把女兒女婿全叫來，一夥人從廚房到庭院，拉出一條家庭生產線，現在回想，那真是又甜又苦阿！

現已交棒給住楠梓的女婿，左營哈囉早市每天會固定殺的15頭豬，那鮮美蹄膀就全給陳家包了。捆蹄的製作耗時費工，蹄膀是豬大腿連接臀部中間的那塊肉，皮脂肥潤，先小心去毛，後俐落的將皮肉劃分開，刮除的多餘脂肪分送鄰居煉豬油，接著將家傳香料塞進留下的空隙中醃一天入味，隔天清除醃料，再將豬皮小心覆蓋回去，接著把多餘水分擠壓出來，包裹乾淨白布，用細麻繩手工捆綁定型，放入蒸籠，炊燜，後急凍一天把酒香和肉味鎖住，全程耗費108小時才能完成。他們的捆蹄，肉緊實，皮不受蒸炊影響依舊保持Q彈，退冰3小時後直接切片冷吃，配點蒜苗下酒是最好。李奶奶說也可以夾饅頭或著切丁炒飯帶便當，不需沾任何醬料，蹄肉裡那和著的醃料香已叫人難忘。

· 附註：因應海光四村拆除與搬遷計畫，住在南高雄或鳳山、靠原店址較近的朋友，仍可電洽約定原址附近取貨。北高雄朋友可直接前往楠梓購買。

乍看，你會不會也聯想到西班牙的風乾火腿配哈蜜瓜，如果當成派對的手指食物，放些蘋果片配著吃，味道也挺融洽的。

陳家原味捆蹄
左營區左營下路 266 號（哈囉市場內）
(07)585-4258
07:00 - 14:00（公休日電洽）
高捷紅線 R16 左營高鐵站，租賃公共腳踏車前往，約 15 分鐘。

106

真一

紅棗核桃糕·
焦糖牛奶糖

吃餅就想配茶，喝茶懂茶的王老闆自己就是泡茶高手，或許會被邀請坐下來邊吃糕餅邊喝茶，那是緣分。

「眞一」賣的伴手糕餅，
是許多老高雄人記憶裡過節常收到的貼心禮。

開業已逾 70 個年頭的「眞一」係高雄老字號的伴手糕餅舖，店內紅棗核桃糕、焦糖牛奶糖和土鳳梨酥三味，是老高雄人記憶裡過節常收到的貼心禮，甚至驅使了某些日本客人專程買回國。從柑仔店起家後走進麵包糕餅業，王老闆試圖用手把古早的好滋味留下，一開始自行鑽研出的糕餅僅過節時當贈禮提供親友，沒想到無心插柳，大家吃完後的反應熱烈，遂開始專賣糕餅。

有別於一般市面常見的黑棗核桃，紅棗的處理更形費工。挑選自上好乾貨，紅棗得經過充足的日光曝曬，做法上先將紅棗煮至去皮脫籽，打磨成膠泥，後填入較不易有臭油哀味的進口核桃和麥芽糖；麥芽糖必須由純麥粉加砂糖去熬味道才會正統香醇，爲此，王老闆在雲林北斗找到一 60 年的老舖提供自磨麥粉。整塊糖糕待冷卻後切成小塊，紅棗核桃隨著麥芽糖絲在嘴裡化開，口感華麗甜稠，卻不黏牙、不膩口；夾了大顆夏威夷豆的焦糖牛奶糖也是鎮店的代表作，口感濃香、極受女生喜愛。另一款土鳳梨酥，王老闆說，吃餅是吃餡，老師傅理餡的工夫，會決定一塊餅的成敗。「眞一」選用了大樹鄉酸度夠的土鳳梨入糖製作鳳梨醬，僅加了點冬瓜片提味，當一口咬下時，嘴裡還吃得到絲絲纖維，這裡的鳳梨酥特地做成婚宴大餅的形狀方便客人，邊切邊吃，喜氣洋洋。

眞一
苓雅區青年一路 133 號
(07)334-9452
09:00 - 18:00（公休日電洽）
高捷紅線 R9 中央公園站 2 號出口，租賃公共腳踏車往小港方向，左轉青年路，約 10 分鐘可抵。

107

帕莎蒂娜烘焙坊
酒釀桂圓麵包

除了烘焙坊熱銷的麵包，帕莎蒂娜是高雄的餐飲版圖中，分店採連鎖不複製策略非常成功的範例，每家分店都走不同的食物主題，但共通點是都很好吃。(右一、右二兩小圖由帕莎蒂娜提供)

「帕莎蒂娜烘焙坊」在摘下世界的桂冠和掌聲後，也把麵包裡濃郁的土親感情推向了國際。

走進北高雄的河堤社區，參天巨樓底，僻靜公園邊，有間小巧的烘焙坊，裡頭看似尋常悠哉的午茶光陰，殊不知大夥都對著空空的架檯虎視眈眈著，因為每每大約下午三點麵包出爐時間一到，盛著熱烘烘麵包的架檯，清盤的速度可比掃秋風，這是各色麵包都在水準之上的「帕莎蒂娜烘焙坊」。特別是裡頭那款人氣暢旺的酒釀桂圓麵包，圓滾滾、胖撐撐的，在摘下世界的桂冠和掌聲後，口碑裡是對這片土地著墨出的濃郁情感，從高雄出發，讓世界認識了台灣。

酒釀桂圓麵包是以紅酒來釀製台南東山古法燻製的龍眼乾，利用法國焙烤麵包的技法，巧妙加入東方風情食材，大玩創意。東山古來龍眼樹遍布，山區裡多達160座的傳統土窯，每到夏末秋初、傾全村之力，把兩天內採摘不能落地的龍眼果送進大灶窯，搬來龍眼枝當薪材，以手工煙燻、翻焙，老農們就趴睡土窯邊，因為窯火必須6天5夜不減，9公斤龍眼僅能生出1公斤桂圓；麵糰裡加進餵養10年的老麵，經17小時熟成，來回的整型與焙烤，要的就是出爐後自然散發出的甜麥香，不加糖不加奶油，麵包一剝開，滿滿的胚芽核桃、麥香、堅果香、紅酒香、桂圓香，層層珍貴的堆疊在緊實口感裡，吞下肚時，是對老農們的堅守無盡的感謝。如果是在駁二分店買麵包，記得嚐嚐向港頭老糖倉致敬的1928古早味黑糖霜淇淋，那是他們試著在食飲文化中挑戰最理想跨界的另一個代表作品。(駁二分店已歇業)

帕莎蒂娜烘焙坊 Pasadena Bakery（河堤旗艦店）

三民區明哲路 35 號
(07)343-3769
10:00 - 22:00
線上訂購請至官網查詢 http://bakery.pasadena.com.tw/
高捷紅線 R13 凹子底站 3 號出口，租賃腳踏車往河堤社區，約 10 分鐘。

108

不二緻果（高雄不二家）

眞芋頭蛋糕・
拿破崙派

已屹立 80 年的「不二緻果」，
名字裡有創始人獨一無二的期許，讓家百年傳香。

已屹立 80 年的「不二緻果」，前身是南京市的蓬萊製果，創始人洪錦標先生在抗戰後輾轉遷台，落腳在當時高雄的苓雅寮市場，時光流轉，餅舖裡的口味也跟著台化，民國 50 年遷移到美麗島圓環附近，初始定名為「不二家」，是創始人對產品味道能夠獨一無二的期許，同時也期望後代能齊心共治，讓味道百年傳香。走過三代，為避免和其他品牌產生混淆，如今更能代表鋪子精神的店名「不二緻果」於焉誕生。

他們擅長在傳統裡加以創新，網路團購超人氣的真芋頭蛋糕，曾被形容是要命的好吃。選用甲仙特產的水芋，產地直送，大、新鮮，光是製作的第一步就占盡了優勢；芋頭水洗去皮後先蒸炊到鬆軟，接著入糖文火慢熬，組織徹底吃進糖水後，再用篩網手工細細過篩，留下搗磨後的碎泥。也保留了比例不少的塊狀糖泥，在芋泥中拌攪法國鮮奶油，內餡透著清雅的粉紫色澤，芋香撲鼻襲來，一疊一疊，把餡料騰進用洗選雞蛋和鮮果汁做出的香草戚風裡，放到冰涼吃，三種層次堆疊環繞，先是鬆軟的戚風蛋糕，接著濃郁細緻的芋頭餡把你溫柔融化，間或幾顆糖芋角泥搶了戲份，在嘴間星星點綴。拿破崙派，則是在戚風中疊進酥脆的千層，淡雅的奶油香在複雜的層次中百轉千迴，上頭鋪上的糖霜杏仁片，選用了加州的厚片杏仁、不易碎、下糖烘後烤色勻美，需要一點時間翻炒，略略焦化的糖砂會把杏仁香都帶出來，整體口感，酥、綿、香，是許多高雄人彌月送禮的口袋名單。

拿一塊他們的真芋頭蛋糕，芋香在嘴裡環繞久久不散，紮實的用料說明一切，因此在甜點控的心中不二緻果占有一席之地。

不二緻果（高雄不二家）（創始老店）

新興區中正四路 31 號
(07)241-2727
08:30 - 21:30
線上訂購請至官網查詢 https://www.omiyage.com.tw/
高捷紅線 R10 / 橘線 O5 美麗島站 2 號出口，步行約 2 分鐘。

109

呉記

綠豆椪・蝦米肉餅

老高雄人一到中秋最心心念念的除了月餅，還有那「吳記餅店」的綠豆椪。

端午吃粽、中秋吃餅，這對台灣人來說是再平常不過的事，吃進肚裡的是一份對傳統虔誠的祝禱與敬意；如果你問起老一輩高雄人中秋愛吃什麼餅，除了蓮蓉豆沙餡的月餅外，有些人心心念念的可能還是「吳記餅店」裡那掉酥的台式綠豆椪。超過 80 年歷史的吳記，創立淵源係來自當時創始人吳添頌先生的父親，在民國 26 年從廣東遷徙來台，落腳鳳山兵仔市場開了間桂軒製餅舖。民國 32 年，因戰局仍混沌不明，當時年僅 13 歲的創始人跨海投靠父親，跟著學餅、做餅，但後來因故遂出來自立更生。有了先前的基礎，吳創始人開始四處尋求精進做餅技術的機會，也學做北方麵食小點，多年後，在當時鳳山最熱鬧的中正路上的大排水溝架起小桌和玻璃櫃起家，一開始沒本錢，先做些包子饅頭養家餬口，終於賺夠了錢添購設備後，開始做起傳家鎮店的綠豆椪。

他們的綠豆椪，油潤酥香，表皮拓上紅色大字，內餡是道地的鹹甜風味，綿密的綠豆沙裡騰進烤香的核桃和噴香的台式魯肉，豆沙和肉餡都賴人工翻炒，那是三代堅守下來一份做餅的心意，味重卻不膩口，香氣從內外夾擊。另一款招牌的蝦米肉餅，飽滿的餡料包含了冬瓜、豬肉、火腿和金結做餡，還有海味悠長的櫻花蝦，鹹甜交錯在嘴裡，最台的吃法最美味，連綠豆椪一起，剛好讓古早味成對成雙。

店裡簡直像是個製餅的大觀園，還有鴛鴦餅、蛋黃酥、八寶福糕、香蘭玉露等太多太多，對於鍾情於中式糕餅的人來說，在這裡太容易失控。

吳記餅店（創始老店）

鳳山區光遠路 284 號
(07)746-2291
08:30 - 21:30
線上訂購請至官網查詢 https://www.wuchi.com.tw/
高捷橘線 O13 大東站 1 號出口，西行光遠路，步行約 5 分鐘。

採取法國小工坊商轉模式的「樂朋 LE PONT」，鵝油香蔥，採限量、全手工。

油蔥，從拌燙到滷炒，長久以來在台式料理領域裡始終占有一席驕傲之地，炸得好，那種從蔥頭裡爆出的油潤酥香會引導食物說話。約莫 20 多年前在曹公渠道附近創設的「橋邊鵝肉店」，則把油蔥帶進了另一層想像。

起初是留法的小老闆把法國傳統家庭習常拿鵝油來烹飪的概念帶回台灣，嘗試與台式紅蔥頭做東西的跨界結合，那也是文化的美麗衝撞。採取法國小工坊的商轉模式，限量、全手工製作；選用了台南的紅蔥頭，硬實、一顆顆細挑後剝皮洗淨再以人工細切薄片，取用肉鵝靠尾椎附近的大塊脂肪，以古法萃煉出鵝油後將蔥頭薄片倒入攪炸，火候須細心調控避免走苦生焦，爆酥後快速起鍋翻涼，金黃飽滿的蔥頭口感像極香甜的炸薯片，填入罐中後續將溢滿油蔥香的鵝油倒入封口，此油封古法成就了飯菜裡悠長的韻味，那是勞心耗力的職人精神的充分展現，只需稍稍攪拌，油脂就在熱氣間全然釋放，就算不配菜，古早味的鵝油拌飯，亦或者拌海鮮拌蔬菜都好吃，其實在不知不覺中它早已成為許多高雄人餐桌上捨棄不掉的心頭寶。

小老闆不僅帶回法式風情的家庭手藝，也徹底實踐歐洲人生活裡悠閒放鬆的樂活精神，走進他們榨鵝油的工廠，像走進了南法的普羅旺斯。

樂朋 LE PONT
仁武區南勢巷 33-6 號
(07)372-5257
09:00 - 12:00 / 13:00 - 18:00（週六、週日、國定假日公休）
線上訂購請至官網查詢 http://www.ciaobien.com/
不近任何捷運站，開車或騎車前往為佳。

111
巴特里
奶油餐包

爆漿餐包這塊在高雄早已進入群雄並起的戰國時代，各有其巧，但說穿了就是想滿足那有如火山岩漿般在嘴裡竄流的爽快。

多年前高雄的爆漿餐包開始在網路竄紅，「巴特里」曾一天瘋狂賣出 4 萬個。

說到奶油餐包與高雄的那段淵源，那真是個逗趣故事。在幾十年前，牛排館還不是那麼普及的年代，如果想帶全家上館子吃吃牛排餐，泰半會選擇六合夜市。不是我們現在以爲的露天牛排攤。六合路上當時高檔牛排館招牌林立，入夜後雖被各色花俏的小吃攤搶了風采，但來吃的人，沒少過；順著整套出餐的程序走，主餐前必有一小籃外皮已烤到酥香的餐包被優雅侍者放上桌，裡頭包覆著叫人開胃的甜鹹奶油，一咬開，那早已化爲黃艷乳水的奶油出其不意的在嘴裡爆竄，吃完再續，續完再吃，有些孩子甚至對它比對後來上桌的牛排還死忠，直到多年前餐包開始在網路爆紅，出名了、自己竟也搖身成了主角。

「巴特里」的餐包曾有一天賣出 4 萬個的紀錄，麵糰經過均勻的拌攪，醒麵一小時後加入了蛋黃和奶油，再做二次醒發，最後將麵糰滾成小圓球狀發酵後用高溫去烘，麵包本身就好吃。裡頭用了化口性好的日本天然奶油，光內餡就占了快一半的空間，一口咬下想不爆漿都難，油香味重，帶著淡淡鹹味。奶油餐包打出名號，巧克力口味、芝麻口味也跟著出頭，喜歡吃鹹口味的，那就試試融合蒜醬和起司的拉絲，爆漿方法，烤箱先用強火預熱 5 分鐘，接著關火燜 3 分鐘，剝開時，別莽撞，千萬小心燙嘴的餡漿。

巴特里精緻烘焙
苓雅區中正一路 286 號
(07) 771-7888
07:00 - 23:00
線上訂購請至官網查詢 https://www.butter-a-lee.com.tw/
（此爲福德店營業資訊，高雄各分店資訊請上網查詢）

112

呷百二

香橙桂圓蛋糕・
紅藜金鑽鳳梨酥

英式馬芬的口感不見得人人喜歡，
但在高雄呷百二的台式馬芬真的頗
受許多四五年級生的熱愛，愛他們
那份擁抱鮮材的清新自然。（本系
列圖片由呷百二提供）

「呷百二」成功打中了現代人內心的最想望，
健康、新鮮、養生與分享。

「呷百二」係從東港老店華珍發展出來以自然題材和日式工法為訴求的全新概念店，從高雄出發，背負華珍糕餅世家的盛名，他們試圖在糕點的自然與可口間取得平衡，並走出一條屬於自己的路。一如店名，它打中了現代人內心的最想望：健康、新鮮、養生與分享，從酥餅到糕派，強調和土地間的深刻連結；注重食物哩程，大量運用當令在地食材，利用年間契作的合作方式，讓小農的用心能被看見，從大樹的金鑽鳳梨、茂林多納的紅藜到大崗山的龍眼、玉荷包蜂蜜，都大量的運用在產品中，留住顧客芳心也強調了高雄的在地特色。

多年下來，人氣始終維持不墜的就是他們的養生蛋糕系列，從桂圓、紅豆、起司、紅玉葡萄到香橙桂圓口味，概念是將過年祭祀時會出現的傳統大塊發糕改成精緻小巧的杯子蛋糕，口感像極了台版馬芬；特別是香橙桂圓口味，用龍眼木古法煙燻的桂圓肉，採收自內門和東山的小農，那是四五年級生共享的記憶味道，在那匱乏的年代，歲末能和手足分食一碗母親燉的桂圓米糕粥就是最大的幸福。桂圓先慢熬 3 小時入味，橙皮切細絲浸蜜加入獨門配方去除苦澀，不放糖，甜味來自蜂蜜和海藻，雖然低油、低糖、高纖，但吃起來卻十分香甜滑順，就算靜置一段時間也不會走油。此外這裡的紅藜金鑽鳳梨酥也值得一嚐，特別加進紅藜，紅藜讓酥皮變得更有咬感，皮酥餡香的關鍵是鳳梨用了高雄大樹在地台農 17 號的金鑽品種、餡肉柔軟清雅、咀嚼間能嚐到鳳梨自然的甜酸，每口皆絲絲入扣。

呷百二自然洋菓子（自由總店）

左營區自由二路 342-1 號
(07)556-0279
09:00 - 21:30
線上訂購請至官網查詢 https://www.eat120.com.tw/
高捷紅線 R14 巨蛋站 1 或 2 號出口，往自由路方向，步行約 15 分鐘。

後記

呷上上：
這些年所謂的追逐與回望。

　　《雄好呷》如果不計六年採訪歷程，從 2013 年出版起算，2022 年即將迎來的是十週年紀念。在各種人際關係都不見得能撐過十年的現在，一本書還能以多元方式持續被人記得，記得那些我曾寫過的文字、拍過的照片，身為作者，我深深地覺得自己被愛。

　　書裡頭滿載那些青春歲月流連在攤頭之間轉瞬留下的笑語和歡顏，同樣的，也對於十年來，那些必然的消逝、異動、離散、曲折覺得不捨，畢竟有好多店家都是看著我長大，我也看著他們長大的啊。但仔細想想，這就是人生吧，變才是永恆的不變。

　　因此過往的 11 刷，我和出版社的團隊夥伴們，始終堅持著每次再刷都要好好更新店家內容，只是想再好好陪伴彼此一段路。也因為疫情，書斷貨了一年多被以為絕版，今再推典藏版，如果要賦予意義，我想已不僅僅是想把高雄味道裡的百轉千迴、高雄日常裡的吉光片羽保留下來，而是要向書裡那些挺過一次次變動有血有肉的人生獻上的最高敬意！

　　十年來，以書衍生出的主題演講不下數百場，最常被問的問題，就是「呷」要怎麼發音？呷，本義是飲，但常常和吃、噍等字被當成正字「食」的通俗異用字，台語發音唸 tsia'h，拿來形容吃，極為生動。

　　想起曾有個唸小四的男孩被媽媽帶著來聽演講，會後他也問了我相同問題，我下意識地脫口而出，就科學小飛俠的ㄒㄧㄚˊ……怎麼可能，我竟然看到他眼睛在發光。我一向對於身上帶有極度反差的人特別感興趣，於是好奇反問，那你看到這個字會想到什麼？他說左邊就像有個人撐開大嘴，右手拿著一根筷子，準備吃插著四塊黏在一起的棉花糖。

　　哈哈哈哈，我們笑成一團，多美多荒謬的形容，但我好喜歡。那一刻，我不再擔心他會不會看不懂書的內容了，我覺得他或許會看得比任何一個大人都懂，因為想像力與感受力才是連通書裡絲絲人情最重要的載體。

已過世的爺爺大概是我們家呷飯最優雅的人了，一生雖然都穿戴著老派仕紳的嚴實，想像與感受談不上，但風雅是有的，食物上桌，再好再喜歡，他都是那樣不急不徐，餐餐必定七分飽就停筷，飯後總會沏上一壺茶。對人事物他也有自己的一套評斷標準。

還記得小時候寫作業，老師打起成績，甲不夠，還會有甲上，甲上上……簡直沒完沒了，某次放學，夕陽正好，我把打了甲上上的作業簿展示給正在巷口乘涼的爺爺看，原以為會得到一番稱讚，但他只告訴我，兩個上字，要記得，是上進和上心，只要覺得自己做到了，當當「乙丙丁戊」也都是沒有關係的。那是爺爺此生極少表現出的溫柔時刻。

長大後明白了，他是在告訴我，能做好自己就很棒了，某個面向來看，《雄好呷》就是從這樣的概念出發最後生出來的，吃是如此主觀的事，呷上上的認定人人不同，但書裡，試著也去體察圍繞在滋味周邊的一切小事，帶出代代樸實的手，掌心裡的堅持與守護，那是只有金銀和高位永遠都無法抵達的地方。流淌著一種生命裡的高貴。我希望小男孩能看到這個。

如果借用爺爺的概念，拿來形容這些採訪過的老闆，我想到的是上心和上癮。人好了，食物就會好，是我始終相信的事，也屢屢證明，呷上上裡有甲有乙有丙有丁，都在以最上心的手藝，點滴串著高雄市井百年來的吃喝風景，吃完了，如果真上了癮，癮頭也只是呼應了眾生的共感罷了。

遭逢大疫之年，改版計畫延宕了兩年，但過程中書裡老闆們仍舊拼了命的在捍衛，也有幾位老闆順勢交棒，或是終於下定決心要退休了，將人和食物的命運就此切開。都不可惜，因為已紮紮實實走過。因此《雄好呷》不僅作為一本探索之書，更是祝福之書，祝福退下的人日後安穩，祝福離開的人更海闊天空，祝福持續向前的店，都能更被珍惜善待，讓滋味歲歲年年。

也祝福因為這本書所有曾發生過的交集，以及更多即將到來的相遇，讓我們共享幾頓時代裡的盛世繁華，爾後對那些終將是要離我們遠去的都不再畏懼。

郭銘哲

2021 年 12 月 21 日，冬至，高雄家中

左佳女子口甲

店家 QR CODE

左營區

山東萊陽麵食館 P.26
左營區果峰街 20 號 | (07)587-0911 | 06:00-11:30（週一公休）| 高捷紅線 R16 左營高鐵站，租賃公共腳踏車前往，約 20 分鐘。

美紅豆漿 P.28
左營區果峰街 5 號 | (07)588-0191 | 04:30-12:00（賣完即休息，週二公休）| 高捷紅線 R16 左營高鐵站，租賃公共腳踏車前往，約 20 分鐘。

道地蔥油餅 P.96
左營區中華一路 1 之 2 號（果貿一棟外　園）| (07)582-3699 | 11:00-12:30 / 15:00-17:00（週日公休，其餘公休日店內小板子彈性公告）| 高捷紅線 R16 左營高鐵站，租賃公共腳踏車前往，約 20 分鐘。

劉家桂花燒雞店（創始老店） P.236
左營區果峰街 47 巷 21 號（果貿社區內圈 第 3 棟）| (07)581-9402 | 09:00-18:00（週一、週二公休）| 高捷紅線 R16 左營高鐵站，租賃公共腳踏車前往，約 20 分鐘。

海青王家燒餅店（唯一創始老店） P.30
左營區左營大路 2-43 號 | (07)581-3491 | 05:30-12:00（一個月休 2 天，公休日電洽）| 高捷紅線 R16 左營高鐵站，租賃公共腳踏車前往，約 15 分鐘。

老左營汾陽餛飩 P.212
左營區左營大路 84 號 | (07)588-7000 | 06:00-00:00 | 高捷紅線 R16 左營高鐵站，租賃公共腳踏車前往，約 15 分鐘。

余．第一家刀削麵 P.80
左營區左營大路 611-1 號（近菜公路口）| (07)582-3683 | 10:45 - 14:00 / 16:45 - 20:00（週一公休）| 高捷紅線 R16 左營高鐵站，租賃公共腳踏車前往，約 15 分鐘。

阿里古早味剉冰 P.158
左營區坤仔頭路 28 號（近坤仔頭菜市場尾端左手邊一三角窗）| 07:30-14:00 | 高捷紅線 R16 左營高鐵站，租賃公共腳踏車前往，約 15 分鐘。

松熱炒 P.216
左營區部後街 42 巷 105 號（近西陵街交叉口）| (07)587-9308 | 16:30 - 23:00（公休日電洽）| 騎車或開車為佳；高捷紅線 R16 左營高鐵站，租賃公共腳踏車前往，約 15 分鐘。

前金區

興隆居（唯一創始老店） P.32
前金區六合二路 186 號 | (07)261-6787 | 04:00-11:30（週一公休）| 高捷橘線 O4 市議會站 1 號出口，往六合路方向，步行約 2 分鐘。

豫湘美食 P.82、252
左營區城峰路 311 號 | (07)588-2685 / 0933-310598 | 10:30 - 19:30（週一、二公休）| 高捷紅線 R16 左營高鐵站，租賃公共腳踏車前往，約 20 分鐘。

劉家酸白菜火鍋（創始老店） P.196
左營區介壽路 9 號中正堂旁（一館）| (07)581-6633 | 11:00-14:00 / 14:30-22:30(全年無休，除夕休半天)| 高捷紅線 R16 左營高鐵站，租賃公共腳踏車前往，約 20 分鐘。

蘇家鹽水鴨 P.222
左營區先勝路 151 號 | (07)582-1007 | 09:00-18:00（公休日電洽）| 高捷紅線 R16 左營高鐵站，租賃公共腳踏車前往，約 20 分鐘。

正宗周燒肉飯 P.64
左營區裕誠路 213 號 | (07)558-4232 | 10:00-21:00（公休日電洽）| 高捷紅線 R14 巨蛋站 2 號出口，沿裕誠路往自由路方向，步行約 10 分鐘。

鍋中傳奇 鍋貼王 P.98（總店）
左營區辛亥路 184 號（近裕誠路口）| (07)559-0138 | 11:00-14:30 / 16:30-20:40（每個月第二和第三個週三公休）| 高捷紅線 R14 巨蛋站 2 號出口，沿裕誠路往自由路方向，步行約 10 分鐘。

呷百二自然洋菓子 P.268
左營區自由二路 342-1 號 | (07)556-0279 | 09:00 - 21:30 | 高捷紅線 R14 巨蛋站 1 或 2 號出口，往自由路方向，步行約 15 分鐘。

The F 勇氣廚房 P.72
（已結束營業）
左營區立信路 88 號

陳家原味捆蹄 P.254
左營區左營下路 266 號（哈囉市場內）| (07)585-4258 | 07:00 - 14:00（公休日洽）| 高捷紅線 R16 左營高鐵站，租賃公共腳踏車前往，約 15 分鐘。

蘭園食府 P.248
左營區勝利路 126-3 號 | (07)588-6873 / 0932-207929 | 11:00 - 20:00（週一、二公休）| 高捷紅線 R16 左營高鐵站，租賃公共腳踏車前往，約 10 分鐘。

小皙渡米糕 P.66
前金區自立二路 19 號 | (07)282-5088 | 09:00-17:00（公休日電洽）| 高捷紅線 R10/ 橘線 O5 美麗島站 2 號出口，步行約 5 分鐘。

牛老大涮牛肉 P.190
前金區自強二路 18 號（一店）/ 自強二路 104 號（二店）| (07)281-9196 / 272-0006 | 11:30-14:00 / 17:00-02:00（週一公休，二店營業時間 17:00 - 24:00）| 高捷紅線 R9 中央公園站 2 號出口，穿過中央公園往愛河方向，步行至總店約 10 分鐘。

月姆鴨肉（原老謝鴨肉） P.224
前金區自強二路 72 號 | (07)211-4602 | 11:00-19:30（多休週三，確切日期請電洽）| 高捷紅線 R9 中央公園站 2 號出口，往愛河方向，步行約 12 分鐘。

前金肉燥飯 P.70
前金區大同二路 26 號 | (07)272-7263 | 07:00 - 17:30（週一到週五）/ 07:00 - 14:00（週六、日提早賣完即休息）（週四公休）| 高捷橘線 O4 市議會站出口，往大同二路方向，步行約 5 分鐘。

黃家傳統豆花 P.140
前金區河南二路 131 號（運河對面，介於三鳳宮與天公廟中間）| (07)282-1010 | 10:30 - 23:00（內用到 22:30）| 高捷紅線 R11 高雄車站 1 號出口 或 橘線 O4 市議會站 4 號出口，步行約 15 分鐘。

楠梓區

楊寶寶蒸餃（總店） P.100
楠梓區朝明路 106 號 | (07)351-6600 | 11:00 - 01:00 | 楠梓火車站出站後走建楠路右轉楠梓新路，遇朝明路左轉，步行約 10 分鐘；高捷紅線 R21 都會公園站，租賃公共腳踏車前往，約 20 分鐘。

三塊厝肉圓嫂 P.108
楠梓區興楠路 147 號 | (07)358-2399 | 06:30 - 17:00（賣完即休息，公休日電洽）| 高捷紅線 R21 都會公園站 2 號出口，轉乘公車前往約 20 分鐘。

三民區

上海生煎湯包 P.102
三民區熱河一街 208 號 | (07)322-0702 | 11:30 - 14:30 / 15:30 - 20:00（週六公休）| 高捷紅線 R12 後驛站 2 號出口，沿博愛一路接熱河街，步行約 15 分鐘。

春露古早味粉圓冰　P.152
三民區三民街 78 號｜(07)286-9192｜
09:30 - 18:30（4 月到 10 月）/ 10:00 -
18:00（11 月到隔年 3 月）｜高捷紅線
R11 高雄車站 1 號出口 或 橘線 O4 市
議會站 4 號出口，往三鳳宮方向，步
行約 15 分鐘。

 老周冷熱飲　P.150
三民區 三民街 126 號｜(07)281-
6780｜10:00 - 23:30（農曆十七公
休）｜高捷紅線 R11 高雄車站 1 號出
口 或 橘線 O4 市議會站 4 號出口，往
三民街方向，步行約 15 分鐘。

 三民街老麵攤（創始老店，原無店名
古早味麵攤）　P.92
三 民 區 三 民 街 132 號｜0906-
109066｜16:00 - 00:00（農曆十七
公休）｜高捷紅線 R11 高雄車站 1 號
出口 或 橘線 O4 市議會站 4 號出口，
往三民街方向，步行約 15 分鐘。

 阿萬鹽水意麵　P.90
三民區三民街 184 號｜(07)231-3207
｜15:30-21:50（公休日電洽）｜高捷
紅線 R11 高雄車站 1 號出口 或 橘線
O4 市議會站 1 號出口，往三民街方
向，步行約 15 分鐘。

 廖家黑輪　P.166
三民區三民街 191 號前攤位｜(07)201-
1020｜10:30-21:50（農曆十七公休）｜
高捷紅線 R11 高雄車站 1 號出口 或 橘
線 O4 市議會站 1 號出口，往三民街
方向，步行約 15 分鐘。

 清溪小吃部　P.110
三民區三鳳中街 80 之 1 號｜(07)286-
7767｜11:30 - 20:00（週日公休）｜高
捷紅線 R11 高雄車站站 1 號出口，往
三鳳中街方向，步行約 10 分鐘。

 新大港香腸大腸（創始老店）　P.170
三民區十全一路 52 號（十全一路和
孝順街交叉口、保安宮前廣場）｜
(07)322-2711｜14:30 - 19:00（週二公
休）｜高捷紅線 R12 後驛站 2 號出口，
左轉十全一路往高雄醫學院方向，步
行約 15 分鐘。

 大港早點心　P.40
三民區山東街 190 號（創始老店）
/ 三民區正興路 158 號（正興店）｜
(07)311-5027（創始老店）/ (07)380-
8501（正興店）｜05:45 - 11:30 / 05:30
- 11:30（公休日皆電洽）｜高捷紅線
R12 後驛站 2 號出口，左轉十全一路
往高雄醫學院方向，步行約 15 分鐘。
（創始老店）/ 正興店目前不近任何捷
運站。

 爵士冰城 Jazz Ice Town　P.160
三民區 大 連街 297 號｜(07)322-
0807｜11:00 - 21:00（公休日會在
粉絲專頁公告）｜高捷紅線 R12 後
驛站 2 號出口，步行約 5 分鐘。

 陳記	魚湯　P.124
三民區嫩江街 76 號｜(07)321-3572｜
16:00 - 01:30（公休日電洽）｜高雄火
車站後站出口，左轉九如二路，至嫩
江路口右轉直行約 13 分鐘可抵。

 555 帝王藥膳食補　P.194
三民區 十全二路 109 號｜(07)321-
1307｜16:30-01:00（公休日電洽，夏
季人少時會提前到 00:00 休息）｜高
捷紅線 R12 後驛站 1 號出口，沿十全二
路往中華路方向，步行約 7 分鐘。

 方家雞蛋酥　P.184
三民區 大連街 131 號 前｜0917-
117091｜13:30-19:00（賣完即休息，
公休日電洽）｜高雄火車站後站 或
高捷紅線 R12 後驛站 1 號出口，往高
雄醫學院方向，步行約 10 分鐘。

 江豪記臭豆腐王（創始老店）　P.220
三民區建工路 347 號｜(07)396-1199｜
11:00 - 00:30｜高捷輕軌 C28 高雄高
工站，租賃公共腳踏車前往，約 3 分
鐘。

 帕莎蒂娜烘焙坊（河堤旗艦店）　P.258
三民區明哲路 35 號｜(07)343-3769｜
10:00-22:00（公休日電洽）｜高捷紅線 R13 凹子底站
3 號出口，租賃腳踏車往河堤社區，
約 10 分鐘。

 古早味頂好豆花（創始老店）　P.134
三民區吉林街 131 號｜(07)315-7117｜
12:00 - 01:00（週一到週五）/ 15:00
- 01:00（週六、日）｜高捷紅線 R12
後驛站 2 號出口或高雄火車站後站出
口，沿博愛一路接熱河街，步行約 10
分鐘。

鹽埕區

 阿進切仔麵　P.112
鹽埕區瀨南街 148 號｜(07)521-1028｜
12:00 - 22:00（公休日電洽）｜高捷
橘線 O2 鹽埕埔站 2 或 3 號出口，沿
新樂街，步行約 5 分鐘。

 老蔡虱目魚粥　P.34
鹽 埕 區 瀨 南 街 201 號｜(07)551-
9689｜06:30-14:00（固定休農曆初
三、十七）｜高捷橘線 O2 鹽埕埔站 2
號出口，往瀨南街方向，步行約 6 分
鐘。

 FIFTY YEAR 50 年杏仁茶　P.210
鹽埕區瀨南街 223 號｜(07)531-4979｜
18:00 - 03:30（週日、週一公休）｜
高捷橘線 O2 鹽埕埔站 2 或 3 號出口，
往七賢路方向，步行約 10 分鐘。

 樺達奶茶（創始老店）　P.146
鹽埕區新樂街 101 號｜(07)551-2151｜
09:00-22:00｜高捷橘線 O2 鹽埕埔站
2 或 3 號出口，沿新樂街，步行約 3
分鐘。

 天池芳香冬瓜茶　P.144
鹽埕區新樂街 113 號｜(07)551-7165｜
09:30-21:30（公休日電洽）｜
高捷橘線 O2 鹽埕埔站 2 或 3 號出口，
沿新樂街，步行約 2 分鐘。

 阿綿手工麻糬　P.174
鹽埕區新樂街 198-27 號｜(07)531-9177
｜10:00-19:00｜高捷橘線 O2 鹽埕埔站 2
或 3 號出口，往七賢路方向，步行約 5
分鐘。

 大溝頂無店名魚肚漿米粉　P.36
鹽埕區新樂街 198-38 號（阿囉哈滷
味對面巷子進去）｜05:30-13:30（賣
完即休息，每月公休 2 天請電洽）｜
高捷橘線 O2 鹽埕埔站 2 或 3 號出口，
往七賢路方向，步行約 5 分鐘。

 大胖豬油拌麵　P.202
鹽埕區新樂街 229 號｜0958-128881｜
17:00-00:30（公休日電洽）｜高捷橘
線 O2 鹽埕埔站 2 或 3 號出口，沿新
樂街，步行約 5 分鐘。

 鴨肉珍　P.232
鹽埕區五福四路 258 號｜(07)521-5018｜
10:00 - 20:20（週一公休）｜高捷橘線
O2 鹽埕埔站 4 號出口，步行約 5 分鐘。

 黑乾溫州餛飩　P.204
鹽埕區大仁路 213 號｜(07)561-8422｜
16:30-00:30（公休日電洽）｜高捷橘
線 O2 鹽埕埔站 2 或 3 號出口，往建
國路方向，步行約 10 分鐘。

 肉粽泰 Tai（原郭家肉粽）　P.42
鹽埕區北斗街 19 號｜(07)551-2747｜
07:00-23:00（公休日電洽）｜高捷橘
線 O2 鹽埕埔站 2 號出口，往七賢一
路方向，步行約 15 分鐘。

 陳黃記老擔冬粉肉　P.230
（已結束營業）
鹽埕區北斗街 10 號

 堀江麵店　P.52
鹽埕區必忠街 223 號｜(07)521-1423｜
10:30 - 14:45（週一公休）｜高捷橘線
O2 鹽埕埔站 3 號出口，沿五福四路
左轉必忠街，步行約 5 分鐘。

 李家圓仔湯　P.148
鹽埕區五福四路 232 號旁｜(07)521-
1418｜12:00 - 21:00（週一公休）｜高
捷橘線 O2 鹽埕埔站 3 號出口，沿五福
四路走到近七賢路口，步行約 5 分鐘。

 小西門燉肉飯（創始老店）　P.58
鹽埕區鹽埕街 43 號（近大仁路口）｜
(07)561-2651｜11:00-14:30 / 16:30-
20:00（公休日電洽）｜高捷橘線 O2
鹽埕埔站 2 或 3 號出口，步行約 3 分鐘。

 鹽埕吳家金桔豆花　P.142
鹽埕區富野路 70 號（富野路與瀨南
街口，阿英排骨飯斜對面）｜0963-
981381｜11:00 - 18:00（賣完即休息，
週一公休）｜高捷橘線 O2 鹽埕埔站
2 或 3 號出口，步行約 10 分鐘。

阿標切仔料　P.120
鹽埕區大仁路 156 巷 8 號（大溝頂三信合作社對面巷內）｜(07)532-8436｜09:30 - 17:00（週一、週二、週三公休）｜高捷橘線 O2 鹽埕埔站 2 或 3 號出口，往七賢路方向，步行約 10 分鐘。

阿囉哈滷味（創始老店）　P.206
鹽埕區大仁路 158 號旁｜(07)561-6611｜13:00 - 23:30｜高捷橘線 O2 鹽埕埔站 2 或 3 號出口，往七賢路方向，步行約 10 分鐘。

大ㄎㄡ胖碳烤三明治　P.208
鹽埕區大公路 78 號（近七賢三路交叉口）｜(07)561-0262｜07:00 - 10:50 / 18:00 - 22:50（公休日電洽）｜高捷橘線 O2 鹽埕埔站 2 或 3 號出口，往七賢路方向，步行約 10 分鐘。

阿財雞絲麵　P.86
鹽埕區壽星街 11 號｜(07)521-5151｜14:30-23:00(週日公休)｜高捷橘線 O2 鹽埕埔站 2 號出口，往七賢一路方向，步行約 10 分鐘。

下一鍋水煎包　P.168
鹽埕區大禮街 24 號（大禮街黃昏市場，與必忠街交叉口）｜0915-010853｜14:00-18:30（週一公休）｜高捷橘線 O2 鹽埕埔站 或 O4 市議會站，租賃公共腳踏車前往，約 10 分鐘。

可香潮州菜館　P.252
（已結束營業）
鹽埕區河西路 3 號

苓雅區

林 · 麻豆碗粿　P.38
苓雅區光華二路 370 號｜(07)716-2363｜07:00-13:00（賣完即收攤，週一公休）｜高捷紅線 R8 三多商圈站 4 號出口，往光華夜市方向，步行約 20 分鐘。

輝哥鱔魚意麵　P.128
苓雅區光華二路 436、438 號｜(07)716-8409｜17:00 - 00:00（隔週休週一、週三）｜高捷紅線 R8 三多商圈站 4 號出口，往光華夜市方向，步行約 20 分鐘。

東坡鮮肉飯　P.68
苓雅區四維二路 110 之 2 號｜(07)761-4085｜08:00-20:00（一個月休 2 天，公休日電洽）｜高捷橘線 O7 文化中心站 2 號出口，往四維二路方向，步行約 10 分鐘。

黃家牛肉麵　P.76
苓雅區忠孝二路 94 號｜(07)330-4595｜11:00 - 15:00（公休日電洽）｜高捷紅線 R8 三多商圈站 6 號出口，往國民市場方向，步行約 15 分鐘。

祥鈺樓江浙餐廳　P.106
苓雅區三多四路 85 號 2 樓｜(07)332-6788｜11:30 - 14:00 / 17:30 - 21:00（公休日電洽）｜高捷紅線 R8 三多商圈站 1 號出口，往 85 大樓方向，步行約 5 分鐘。

孬味香菇赤肉羹　P.178
苓雅區文橫二路 1-1 號｜(07)331-6773｜11:00-23:00（一個月休 4 到 5 天，不固定，請電洽）｜高捷紅線 R8 三多商圈站 5 號出口，往興中市場方向，步行約 3 分鐘。

秋霞鱸魚麵線　P.122
苓雅區自強三路 104 號｜16:00 -21:00（漁貨賣完即收攤，公休日電洽）｜高捷紅線 R8 三多商圈站 7 號出口，往苓雅夜市方向，步行約 12 分鐘。

真一　P.256
苓雅區青年一路 133 號｜(07)334-9452｜09:00-18:00（公休日電洽）｜高捷紅線 R9 中央公園站 2 號出口，租賃公共腳踏車往小港方向，左轉青年路，約 10 分鐘可抵。

巴特里精緻烘焙　P.266
苓雅區中正一路 286 號｜(07) 771-7888｜07:00 - 23:00｜

祥裕茶行（創始老店）　P.136
苓雅區福德三路 224 號｜(07)721-9575｜09:00-22:00（週三公休）｜高捷橘線 O8 五塊厝站 4 號出口，中華公有市場對面，步行約 5 分鐘。

前鎮區

華喜爌肉飯　P.54
前鎮區瑞隆路 469 號｜(07)722-3233｜10:00 - 20:30（只休農曆新年、清明節）｜高雄輕軌 C1 籬仔內站，步行約 10 分鐘。

阿蓮仔菊花茶大王　P.162
（已結束營業）
前鎮區鎮榮街 22 號

新興區

阿美屏東清蒸肉圓　P.44
新興區黃海街 46 號｜(07)226-3763｜06:30 - 12:30（賣完即休息，週一公休）｜高捷橘線 O6 信義國小站 4 號出口，往中正市場方向，步行約 5 分鐘。

劉家豬血湯　P.226
新興區黃海街 36 號（黃海街左轉過了阿美屏東肉圓後第一個巷口左轉直走）｜0931-879257｜07:00-13:00（週一公休）｜高捷橘線 O6 信義國小站 4 號出口，往中正市場方向，步行約 5 分鐘。

無店名大腸麵線　P.88
新興區開封路 65 號騎樓（復橫一路口，旁邊是共用桌椅的烤香腸黑輪攤）｜0960-508275｜12:30 - 15:30（假日營業到 14:00，公休日電洽）｜高捷橘線 O6 信義國小站 4 號出口，往中正市場方向，步行約 8 分鐘。

可口雞肉飯　P.50
（已結束營業）
新興區復興一路 70-5 號

無店名古早味綠豆湯　P.138
新興區仁愛一街 6 號（近民生一路口、覺元寺斜對面）｜(07)241-9109｜09:00-21:00（冬天賣完即休息、公休日電洽）｜高捷紅線 R9 中央公園站 3 號出口，往火車站方向遇圓環右轉民生路，步行約 10 分鐘。

郭家肉燥飯　P.56
新興區錦田路 39 號（近中正路口）｜(07)227-4373｜04:00-14:00(公休日電洽)｜高捷橘線 O6 信義國小站 3 號出口，左轉錦田路，步行約 2 分鐘。

霞燒肉飯　P.60
新興區復興一路 70 號｜(07)236-1516｜11:00-15:00 / 16:00-19:30（賣完即休息，公休日電洽）｜高捷紅線 R10 / 橘線 O5 美麗島站 8 號出口，步行約 5 分鐘。

博義師燒肉飯（創始老店）　P.62
新興區復橫一路 276 號｜(07)251-5518｜06:30 - 20:00（週三公休）｜高捷紅線 R10/ 橘線 O5 美麗島站 5 號出口，轉進南華路步行街，步行約 5 分鐘。

三代春捲　P.176
新興區中山橫路 1 號｜(07)285-8490｜09:30 - 18:00（一個月休 3 天，不固定，請電洽）｜高捷紅線 R10/ 橘線 O5 美麗島站 1 號出口前。

清涼愛玉冰　P.154
新興區南華路 58 號前（春成銀樓對面）｜10:30 - 21:00(賣完即休息)｜高捷紅線 R10 / 橘線 O5 美麗島站 5 號出口，轉進南華路步行街，步行約 5 分鐘。

老李排骨酥湯　P.228
新興區大同一路 149 號｜0932-742401｜09:30 - 20:30（週四公休）｜高捷紅線 R10/ 橘線 O5 美麗島站 5 號出口，沿中山路往中央公園方向，步行約 5 分鐘。

鄭老牌木瓜牛奶　P.156、234
新興區六合二路 1 號（六合夜市入口）｜(07)286-3074｜16:00-02:00｜高捷紅線 R10／橘線 O5 美麗島站 11 號出口，左轉六合夜市，步行約 1 分鐘。

不二緻果（高雄不二家）　P.260
新興區中正四路 31 號｜(07)241-2727｜08:30 - 21:30｜高捷紅線 R10／橘線 O5 美麗島站 2 號出口，步行約 2 分鐘。

姚家蘭州現拉麵店　P.78
新興區青年一路 176 巷 12 號｜(07)223-2789｜11:30-14:00／17:30-21:00（週四公休）｜高捷紅線 R9 中央公園站 2 號出口，租賃公共腳踏車往小港方向，左轉青年路，約 10 分鐘可抵。

小林雞肉飯（創始老店）　P.116
新興區六合路 47 號｜(07)224-7934｜09:30-14:00／16:30-20:00（多休週日，確切日期會公告在店內小板子）｜高捷橘線 O7 文化中心站 4 號出口，往大統和平店方向，步行約 15 分鐘。

大木櫥滷味　P.214
新興區六合路 176 號｜16:15-22:30（週日、週一公休）｜高捷橘線 O7 文化中心站 1 號出口，西走中正二路右轉向義街至六合路口，步行約 5 分鐘。

香味海產粥　P.126
新興區七賢一路 7 號｜(07)225-5302｜16:00-24:00（公休日電洽）｜高捷橘線 O7 文化中心站 4 號出口，往七賢路方向，步行約 6 分鐘。

施家蚵仔魠魚焿　P.118
新興區六合二路 16 號（民主橫路路口）｜(07)285-5057｜16:00- 凌 01:00（公休日電洽）｜高捷紅線 R10／橘線 O5 美麗島站 11 號出口，左轉六合夜市，步行約 1 分鐘。

芳德豬肉冬粉　P.238
新興區大同一路 100 號｜(07)282-5721｜10:30 - 15:00／16:30 - 18:30（週六公休）｜高捷紅線 R10／橘線 O5 美麗島站 5 號出口，轉進南華路步行街，步行約 10 分鐘。

鼓山區

廣東汕頭林家園麵店　P.84
鼓山區綠川里河川街 30-40 號（近河西路口）｜(07)561-8620｜17:00-24:00(公休日電洽)｜高捷紅線 R11 高雄車站站，租賃腳踏車前往，約 15 分鐘。

老四川巴蜀麻辣燙　P.198
鼓山區南屏路 589、591 號（南屏店）｜(07)522-5256｜11:30-01:30｜高捷紅線 R13 凹子底站 4 號出口，沿至聖路右轉南屏路，步行約 5 分鐘。

鳳山區

尤家赤山粿　P.180
鳳山區鳳松路 49 號｜0910-676626｜07:00-12:00（週一公休，如遇農曆初一十六則順延）｜高捷橘線 O12 鳳山站 1 號出口，東行光遠路往鳳松路方向，步行約 20 分鐘。

木侖　P.246
鳳山區五甲二路 559 號｜(07)821-4892｜09:00 - 20:00｜高捷紅線 R5 前鎮高中站 2 號出口，過橋至五甲三路，步行約 20 分鐘。

吳記餅店（創始老店）　P.262
鳳山區光遠路 284 號｜(07)746-2291｜08:30-21:30｜高捷橘線 O13 大東站 1 號出口，西行光遠路，步行約 5 分鐘。

蘇家古早麵（原第一市場阿來麵）P.46
鳳山區第一公有市場中段位置，可從近中山路和維新路口、鳳山鹹米苔目正對面入口處進市場。｜0913-005922｜06:30-13:30（賣完即休息、每週週一和農曆十七公休）｜高捷橘線 O12 鳳山站 1 號出口 或 O13 大東站 2 號出口，步行約 15 分鐘。

僑伯羊肉專賣店　P.240
鳳山區光遠路 304 號｜(07)746-9842｜07:00-23:00（公休日電洽）｜高捷橘線 O13 大東站 1 號出口，西行光遠路，步行約 5 分鐘。

南台浮水魚羹　P.130
鳳山區五甲一路 10 號｜(07)745-3415｜09:00-22:20（週三公休）｜高捷橘線 O13 大東站 2 號出口，步行約 15 分鐘。

蕭家刈包　P.172
前鎮區民權二路和一德路交叉口（勞工公園旁）／鳳山區海洋二路和南福街交叉口（海洋夜市）｜0980-602390（攤車位置和時間如變動，請手機洽詢）｜14:00 - 17:00（勞工公園旁）（週六、週日）／16:30 - 23:00（海洋夜市）（週四）｜高捷紅線 R7 獅甲站 2 號出口，沿勞工公園，步行約 3 分鐘／高捷橘線 O10 衛武營站 6 號出口，租賃公共腳踏車前往，約 10 分鐘。

仁武區

青島餃子專賣店　P.104
仁武區八卦村八德南路 100 巷 65 號｜(07)372-5656｜11:30 - 13:50／17:00 - 19:50（週四、週日公休）｜不近任何捷運站，開車或騎車前往為佳。

樂朋・橋邊鵝肉店（直營店）　P.242
仁武區仁雄路 39-6 號（仁雄橋邊）｜(07)373-1468｜16:00 - 售完為止（公休日電洽）｜不近任何捷運站，開車或騎車前往為佳。

鳥松區

古味燒餅店　P.182
鳥松區本館路文明巷 17 號｜(07)370-5150｜07:30 - 18:00（週一公休）｜高雄輕軌 C28 高雄高工站，租賃公共腳踏車前往，約 5 分鐘。

岡山區

舊市羊肉（創始老店）　P.192
岡山區河華路 111 號｜(07)625-8151｜11:00 - 20:30（公休日電洽）｜騎車或開車為佳；高捷紅線 R24 南岡山站，租賃公共腳踏車前往，約 20 分鐘。

其他

不一樣紅豆餅　P.186
屏東縣潮州鎮太平路 9 巷 3 號（樂活藝術家對面）｜0980-197203｜14:00-17:00（週六、週日公休）

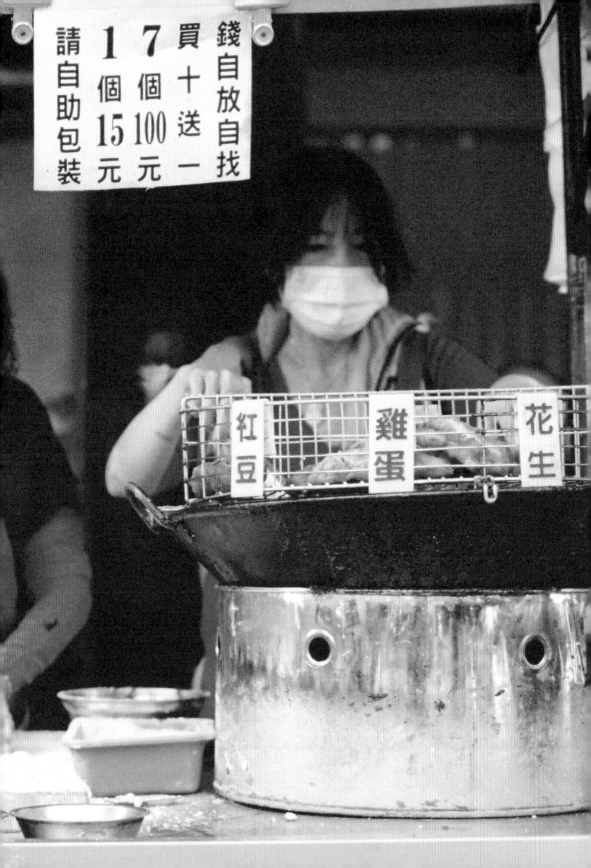

國家圖書館出版品預行編目 (CIP) 資料

雄好呷：高雄 111 家小吃慢食、
至情至性的尋味紀錄 / 郭銘哲
著 . -- 三版 . -- 新北市：木馬文
化事業股份有限公司出版：遠
足文化事業股份有限公司發行，
2022.01
280 面；17x23 公分
ISBN 978-626-314-103-2(平裝)

1. 餐飲業 2. 小吃 3. 高雄市

483.8　　　　　110020807

雄 好 呷　高雄 111 家小吃慢食、至情至性的尋味紀錄（暢銷典藏版）

作　　　者　郭銘哲
特約編輯　李欣蓉
封面攝影　陳李視物／陳建豪
美術設計　謝捲子

社　　　長　陳蕙慧
副 社 長　陳瀅如
總 編 輯　戴偉傑
主　　　編　李佩璇
行 銷 部　陳雅雯、尹子麟、余一霞、許律雯

出　　　版　木馬文化事業股份有限公司
發　　　行　遠足文化事業股份有限公司（讀書共和國出版集團）
地　　　址　23141 新北市新店區民權路 108-4 號 8 樓
電　　　話　(02)2218-1417
傳　　　眞　(02)2218-0727
Email　　service@bookrep.com.tw
郵撥帳號　19588272 木馬文化事業股份有限公司
法律顧問　華洋法律事務所　蘇文生律師
印　　　刷　凱林彩印股份有限公司

初　　　版　2013 年 07 月
二　　　版　2015 年 02 月
三　　　版　2022 年 01 月
三 版 3 刷　2023 年 09 月

定　　　價　400 元
ISBN　　9786263141032